凝固的乐章

——苏州拙政园建筑

苏州市拙政园管理处
苏州园林发展股份有限公司
苏州市世界文化遗产古典园林保护监管中心

编著

中国建筑工业出版社

图书在版编目（CIP）数据

凝固的乐章——苏州拙政园建筑／苏州市拙政园管理处，苏州园林发展股份有限公司，苏州市世界文化遗产古典园林保护监管中心编著．—北京：中国建筑工业出版社，2017.10（2024.9重印）

ISBN 978-7-112-21217-0

Ⅰ.①凝… Ⅱ.①苏… ②苏… ③苏… Ⅲ.①拙政园－园林建筑

Ⅳ.①TU986.4

中国版本图书馆CIP数据核字（2017）第223137号

拙政园是苏州现存最大的私家园林，宅院一体，建筑类型齐全，建筑数量众多，建筑艺术价值极高。本书收录了拙政园从住宅到园林所有的建筑，其类型多样而全面。全书从建筑与周边环境的关系、建筑与山水花木等自然造园要素的融合、建筑在园林布局中的作用以及建筑所反映的文化内涵等多方面进行探讨，全面地阐述了拙政园建筑的独到精彩之处。

本书可供广大风景园林工作者、景观设计师、园林艺术爱好者等学习参考。

责任编辑：吴宇江　许顺法　黄习习
责任校对：李欣慰　关健

凝固的乐章——苏州拙政园建筑
苏州市拙政园管理处
苏州园林发展股份有限公司　　　　　　　　　　**编著**
苏州市世界文化遗产古典园林保护监管中心

＊

中国建筑工业出版社出版、发行（北京海淀三里河路9号）
各地新华书店、建筑书店经销
北京锋尚制版有限公司制版
北京中科印刷有限公司印刷

＊

开本：880毫米×1230毫米　1/16　印张：11½　插页：5　字数：284千字
2018年4月第一版　2024年9月第三次印刷
定价：**125.00元**
ISBN 978 - 7 - 112 - 21217 - 0
　　　（30860）

本书编委会

主　　　任：陈大林

副　主　任：孙剑锋　嵇存海　吴琛瑜

成　　　员：杨唯贤　朱伟娟　周　益　钮　嵘　朱海俊　张玉君

编　　　写：詹永伟　黄　勤　盛兰芝

顾　　　问：曹林娣

参加测绘人员：黄　勤　盛兰芝　顾兆明　吴　艳　王　倩　王晓苍　罗　毅　徐方宇　许　刚
　　　　　　　徐　敏　徐　越　丁　飘　钱哲煜　时苏虹　姜　睿　徐　珂　高颖等

主要照片提供人员：左彬森　詹永伟　虞俏男

文稿整理与版式设计：许露莹

序

　　《凝固的乐章——苏州拙政园建筑》，是迄今第一部分析现存拙政园建筑的专著。该书有理论的概括，有细腻的结构剖析，绘有局部平面图、单体的测绘图，附以精美的照片，资料翔实，持论言辞凿凿，水到渠成，开卷有惊喜！

　　拙政园，自明正德始建至今，虽"平泉甲第频更主"，但这方"昔贤高隐地"，诗文佳话映照古今！今天，拙政园位列中国四大名园、世界文化遗产名录，无疑是中华民族的文化经典，流淌着中华民族的血液！

　　以中唐白居易为代表的中国士大夫把"外适内和"视为人生最根本的享受，彻底摆脱神学独断的生活信念，突出"以人为本"的精神。强调艺术的一般日常情感的感染作用，情理结合，欢歌在今日，人世即天堂。

　　以宅园为特点的拙政园，园中舞榭歌台、厅堂亭阁，皆为茅茨土阶的"木头史书"，亲和力极强，是世界原生型六大建筑文化之一[①]，具有独特风格的建筑空间和装饰艺术，魅力纷呈，典范性地体现了中华农耕民族"生活最高典型"：生活的艺术和艺术的生活，一种最富有生态意义的生存哲学，集中了中国古代文人几千年积累的摄生智慧。

　　拙政园作为"可居"、"可望"、"可行"、"可游"的中华名园，其建筑务必同时满足人们生理需求和精神享受。"堂以宴、亭以憩、阁以眺、廊以吟"，为了居住、读书、作画、抚琴、弈棋、品茶、宴饮、憩游等生活需要，构建了厅、堂、轩、斋、馆、亭、台、楼、阁、榭、舫等丰富多彩的单体建筑。

　　这些建筑，"不但位置、形体与疏密不相雷同，而且种类颇多，布置方式亦因地制宜，灵活变化"[②]，楼无同式、廊不重形、亭避重样、"不拘成见，一榱一桷，必令出自己裁"[③]，绝不会令人产生审美疲劳。

　　吴地夏季气候闷热，故园内厅堂建筑多采用回顶、卷棚、鸳鸯诸式，以利通风，建筑形制也有法无式：

　　屋顶有歇山、硬山、悬山、攒尖等形式；篷顶有鹤颈一枝香轩、船篷轩、菱角轩、茶壶档轩等；渊源于压火的鸱吻衍为等级语义，由于历史原因，拙政园尚有哺鸡、如意、纹头，乃至龙吻诸式；廊，有爬山游廊、空廊、卧水廊、回廊、楼廊、抄手游廊，各呈特色，个性鲜明；造式无定的小亭，攒尖"笠亭"、凹形扇面"与谁同座"亭、与两侧廊屋顶相连的"涵青"半亭；鸳鸯厅，有三十六鸳鸯馆的"重轩鸳鸯厅"，称为"满轩"，有住宅东花厅的鸳鸯花篮厅；建筑开间也不拘传统奇数，海棠春坞采用东大西小两开间……

---

① 侯幼彬. 中国建筑美学. 黑龙江科技出版社，1997年版，第1页。
② 刘敦桢. 苏州古典园林. 第32页。
③ 李渔. 闲情偶寄。

中国的住宅，不仅是"居住"的容器，更是"礼的容器"，是中规中矩的礼式建筑，"顺天理，合天意"。《周易·家人卦》《象》曰："家人，女正位乎内，男正位乎外。男女正，天地之大义也。家人有严君焉，父母之谓也。父父子子、兄兄弟弟、夫夫妇妇，而家道正，正家而天下定矣。"

拙政园住宅建筑，坐北面南，纵深四进，有平行的二路轴线，主轴线由隔河的影壁、船埠、大门、二门、轿厅、大厅和正房组成，侧路轴线安排了鸳鸯花篮厅、花厅、四面厅、楼厅、小庭园等，两路轴线之间以狭长的"避弄"隔开并连通。住宅大门偏东南，避开正南的子午线，因这是封建皇权与神权专用。

这样，从建筑造型到色彩、布局，都被赋予了秩序感，显得均衡、整肃、谐调，呈现出对称的结构美和典雅庄重之美，体现了儒家"尊尊、亲亲"的宗法思想，大大加深了建筑美的深度和广度。

花园则为活泼多姿的杂式建筑，花间隐树，水际安亭，旷奥得宜，藏露旷奥、疏密得宜、曲径通幽、柳暗花明，令人目不暇接，诠释着儒道哲学；

虽然山水园并非如欧洲古典园林以建筑为中心，但从局部讲，又往往成为景域构图的中心。拙政园中部"远香堂"居中心主位，位于中园南北向主对应线和东西向对应线上，并以南北东西向的平行次对应线烘托，其他建筑香洲、荷风四面亭对之呈宾主揖拱之势。回廊曲桥，紧而不挤。远香堂北，山池开朗，池中三岛东西排开，展高下之姿，兼屏障之势。疏中有密，密中有疏，弛张启阖，两得其宜[①]，池水渺然，加上远借北塔，更现旷远。

园内用围墙、土岗、假山、树木、复廊等作为间隔，形成枇杷园、听雨轩、海棠春坞、玉兰堂等园中园，成为日本学者横山正描述的："一进一进套匣式的建筑，一池碧水，回廊萦绕，似乎以至园林深处，可是峰回路转，有时一处胜景，又出现了一座新颖的中式中庭，忽又出人意料的出现一座大厦。推门而入，又有小小庭院。像这里已到了尽头，谁又知出现一座玲珑剔透的假山，其前又一座极为精致得厅堂……这真好似在打开一层层的神秘的套匣。"[②]

入之奥如，出之旷如，极富节奏感和韵律美，确如德国哲人约翰·沃尔夫冈·冯歌德所说：建筑是冻结了的音乐，时而悠扬如溪流潺潺，时而高亢仿佛山摇地动，美妙的音乐像磁石一样，能让你展开想象的翅膀。

建筑自然化是中国园林基于"天人合一"哲学思想的基本特征。

拙政园中的亭榭轩廊，向大自然敞开。厅堂多落地长窗和四面有窗的"四面厅"。窗是

① 童隽. 江南园林志. 中国建筑工业出版社，1984年版，第8页。
② 《美学文献》第一辑. 北京：书目文献出版社，1984年版，第425页。

中国建筑艺术的"呼吸器官"和"视觉器官","四面有山皆入画,一年无日不看花",人在画中游!

山水园中,"凡诸亭、槛、台、榭,皆因水为面势"[①],"危楼跨水,高阁依云","围墙隐约于萝间,架屋蜿蜒于木末",人与自然融合无间。

拙政园的建筑,既有彻底的符合目的性,又有艺术的完美,既高尚素朴而又轻巧美妙,既能悦耳悦目,又能悦心悦意、悦志悦神,请看其美的形姿:

飞动之美。建筑作为一种广义的造型艺术,偏重于构图外观的造型美,波浪线和蛇行线组成的最美的曲线美,它引导着眼睛作一种变化无常的追逐,舒展自如,毫无局促之感,令人感到自由自在。"如鸟斯革,如翚斯飞"的戗角、柱间微弯的吴王靠、状若飞虹落水的"小飞虹"、蜿蜒水面的曲桥、蜿蜒无穷的云墙、高低起伏的爬山廊、波形水廊……

虚无之美。"山实,虚之以烟霭;山虚,实之以亭台"(笪重光《画筌》),虚实相生,无画处皆成妙境。这种"有无"的辩证哲学理念在园林中通过借景的艺术手法得到了广泛的运用:"得景则无拘远近,晴峦耸秀,绀宇凌空。极目所至,俗则屏之,嘉则收之,不分町疃,尽为烟景"[②]。

诸如利用空廊、洞门、空窗、漏窗、透空屏风、槅扇等,形成隔而不隔、丰富多彩、跌宕起伏的园林空间序列,远翠阁,见山楼,"纳千顷之汪洋,收四时之烂漫";"倘嵌他人之胜,有一线相通,非为间绝,借景偏宜"[③],北寺塔的借景即为佳例。"于有限中见到无限,又于无限中回归有限",悟宇宙盈虚、体四时变化,使生意盎然的自然美融于怡然自乐的生活美境界之中!

意境之美,建筑作为具有审美功能的精神性产品,是文人们创造理想美境界的特殊语言,通过能工巧匠们将这些浪漫情思融进建筑造型与构件之中,系之抒情品题:

中部西北角的"见山楼",让人联想起陶渊明"采菊东篱下,悠然见南山"的悠闲;

跨水而踞的"小沧浪",与"清斯濯缨,浊斯濯足"的处世信条联系起来;

面对荷花池的"远香堂",仿佛就到了周敦颐的"濂溪乐处";

临水船舫"香洲","香飘杜若洲",采而为佩,爱人骚经;偕芝与兰,移植中庭;取以名室,惟德之馨;

西部假山之巅的"宜两亭","绿杨宜作两家春",蕴含睦邻友好的情感;

……

无论是大木作的框架构件或承重的结构用木上的精致的雕刻,还是秀美的建筑内外檐装修,都能寓善于美,且寓美于功能之中,借助幻想的象征力以诉之于人类直观的心灵与情绪意境。

建筑装饰题材表达了人们对福、禄、寿、喜、财的祈求、对生命的礼赞等,体现了中华先人强烈的生命意识。如留听阁"喜鹊登梅,松竹长青"飞罩,松皮斑驳,竹枝挺拔,梅花拈撰,山石镂空圆滑,鸟雀栩栩如生,寓意长寿,喜上眉梢。

至于那些字画、插屏、书条石、裙板雕刻等典雅装饰品,既起到建筑内部分隔空间的

---

① 文徵明. 王氏拙政园记(见《拙政园志稿》第73页)。
② 计成. 园冶·兴造论. 中国建筑工业出版社,1998年版,第47~48页。
③ 计成. 园冶·相地。

作用，更有崇文重德的教育熏陶作用，既能"养目"，又以"养心"。

　　本人作为一名古典园林膜拜者，经常在拙政园美轮美奂的楼台中徜徉、欣赏，今手捧书稿，有幸先睹为快，仿佛穿越于拙政园亭台楼阁之间，心灵沉浸在美的甘露之中！故略赞数言，热烈庆贺此书出版！

曹林娣丁酉年于苏州南林苑寓所

目录

总论

中国古典园林是具有高度艺术成就和独特风格的园林艺术体系，在世界造园史上与西亚的伊斯兰园林、欧洲的古典园林并称为世界三大造园体系。而以北京、承德为代表的皇家园林和以苏州为代表的私家园林是中国古典园林的典范。

始建于明中叶（16世纪初）的拙政园是苏州现存园林中面积最大的园林，距今有400多年的历史，是苏州著名古典园林之一，也是江南古典园林杰出的代表作品。1961年拙政园与留园、颐和园、承德避暑山庄同被国务院公布列为全国重点文物保护单位。1997年苏州拙政园与留园、网师园、环秀山庄被联合国教科文组织作为苏州园林典型例证列入世界文化遗产名录，2000年又增补沧浪亭、狮子林、艺圃、耦园、退思园列入世界文化遗产名录，拙政园以其历史悠久，意境深远，构筑精致，造园艺术文化内涵丰富而成为苏州众多古典园林的典范和代表，成为全人类的艺术瑰宝。

一 历史

拙政园园址在三国东吴、唐末时曾为私宅，元末为大弘寺，明正德年间（公元1506—1521）御史王献臣罢官还乡，占寺地扩建，历时20年成园。取西晋潘岳《闲居赋·序》中"灌园鬻蔬，以供朝夕之膳……此亦拙者之为政者也"意，名拙政园。之后，多次更换园主，或为官僚地主私园，或为官署的一部分，或散入民居，其间经过多次改建，新中国成立前全园已形成相互分离自成格局的三部分。中部仍沿用拙政园名称，西部为补园，东部原为"归田园居"，已荒芜。新中国成立后中部和西部全面整修，东部新建，三园合并为整体。拙政园住宅坐落在园的南面，晚清时由东向西依次为张之万宅、忠王府、张履谦宅三部分，现东部已并入拙政园，展现了宅园的整体格局。中部现为苏州博物馆旧馆部分，西部已改建为苏州博物馆新馆部分。

根据明代文徵明所作的《王氏拙政园记》、《拙政园图册》与题咏的记载，明中叶建园之始，利用城市隙地，"稍加浚治，环以林木"，园内建筑物稀疏，而茂树曲池相连，建成一个以水为主的风景园，《拙政园图册》中少数建筑的名称沿袭至今（图1-1、图1-2）。

据记载，清中叶乾隆、嘉庆间，园中部曾两次在原有基础上修复，并未大规模改建。在稍晚时期所作拙政园图中，远香堂、枇杷园、柳阴路曲、见山楼的位置和现在大致相

图1-1 （明）文徵明《拙政园图》

图1-2 （明）文徵明《拙政园图》

同，只是雪香云蔚亭处建有一楼，并有水廊向南延伸，而无荷风四面亭。据此推论，现在的建筑基本上是清代后期的面貌。

西部的现存面貌，大致是清末光绪三年（1877）张履谦购得后修建而成。张履谦的《补园记》中说："宅北有地一隅，池沼澄泓，林木蓊翳，间存亭台一二处，皆敧侧欲颓，因少葺之，芟夷芜秽，略见端倪，名曰补园。"书中对西部原有建筑仅一句带过，没有说原有哪些建筑，也没说新建了哪些建筑，关于这方面的情况缺乏记载。张氏后人张岫云编著《补园旧事》中只明确写出卅六鸳鸯馆是1892年建成，修建略晚。

东部归田园居旧址久已荒废，现布局平冈草地为主，新建厅、轩、榭、亭，名称仍沿用王心一"归田园居"的旧称，似存旧时风貌。

二 风格

苏州园林建筑具有轻盈、通透、素雅的风格，其形成的因素是多方面的。

苏州园林自由灵活而又有"章法"的总体布局，使人工的建筑和自然的山、水、花木构成融为一体，"虽由人作，宛自天开"。

以建筑围合而成的小院，其建筑内外空间的处理大都开敞流通，便于赏景。尤其是空廊、洞门、空窗、漏窗的应用，使建筑之间，建筑与景物之间，既有分隔，又能有机联系，融为一体。因此，单体建筑与建筑群都显得轻灵、通透。

苏州园林建筑除少数主要厅堂外，为适合日常起居生活，一般体量都不大，注重和山、水自然环境的融合。拙政园只有中部远香堂和西部卅六鸳鸯馆，两主体建筑的体量较大，其余建筑的体量以小型居多（不包含新建东部和住宅部分），建筑的形式与组合都显得轻巧、玲珑、富于变化，建筑尺度宜人，富有生活气息。

《营造法原》一书对苏州地区民间建筑的营建架构和技术做了系统总结，具有指导和法则的作用，但苏州园林建筑因注重和环境的融合，建筑不拘于形制，平面开间、建筑高度和屋顶形式，都依据环境而定。梁架采用斗栱的极少，梁架结构在构造与装饰上有许多特色，以简练取胜，反映了苏州地域文化雅致精巧的一面。如拙政园中部海棠春坞因西临土山、地形局促，平面不按常规为奇数开间，而是面阔较小的一大、一小两开间。《营造法原》中将平面正间和次间的宽度比例定为1：0.8，但拙政园中一些建筑多增大正间的宽度比例，使建筑显得宽敞，并宜于赏景。苏州园林楼阁都不高，注重和环境的协调，楼阁底层和上层檐口高度比例多小于1：0.8，有的甚至更小，上层檐口较低，使楼阁体型更显轻盈。楼阁上层檐高虽较低，但因梁架空间开敞，并不觉得压抑，见山楼、倒影亭、浮翠阁都是佳例（图2-1、图2-2）。

传统建筑的梁架正间都采用抬梁式，以利于布置家具和使用，空间显得开敞，山墙采用穿斗式，柱和墙体结合，加强梁架的稳定性。但苏州园林建筑的山墙多采用无脊柱的梁架，墙上辟窗，有利于赏景，使建筑显得开敞、轻盈。

屋顶是中国古代建筑富有艺术表现力的最引人注目的部分。苏州园林建筑由于地处江南，气候较北方温暖，屋面瓦下不铺灰砂，屋顶轻薄，翼角起翘翩翩欲飞，成为苏州园林建筑形成轻盈、通透、素雅风格的因素之一。

色彩是建筑艺术美的表现之一。"苏州园林建筑的色彩多用大片粉墙为基调，配以黑灰

图2-1 （明）文徵明《拙政园图》

图2-2 （明）文徵明《拙政园图》

色的瓦面，栗壳色梁柱、栏杆、挂落，内部装修多用淡褐色或木纹本色，衬以白墙与水磨砖所制灰色门框窗框，组成比较素净明快的色彩。"（引自刘敦桢《苏州古典园林》）这和北京宫苑建筑以黄色和红色为主的色调形成强烈的对比，显示了不同的风格和内涵。

三 文化

苏州园林属于中国山水园的范畴，但它具有人文山水园的特性，苏州园林的主人大都是文化艺术修养很高的士大夫文人，他们能诗文，擅作画。而山水诗、山水画、山水园同出于自然山水之源，它们相互影响、渗透。因此，造园必然营造出能满足自己对山水美要求的居住环境，并显示他们的思想情趣。有些园主亲自参与设计，有的请画家参与设计。明代吴门画派的代表人物文徵明所写《王氏拙政园记》描述了园内的景色，并绘制了"拙政园卅一景图"。

中国士大夫的人生具有两面性，"达则兼济天下，穷则独善其身"，苏州园林的一些主人就是被贬官、仕途不得意而隐退的人，这可以从园名上反映出他们的心态。除拙政园的园名外，艺圃、网师园、退思园等园名也是园主退隐山林的心态的寓意。壶园、蜗庐、勺园、小园、茧园、半园、残粒园等园名，则表现了园主不求大、不求全的淡泊心态（图3-1~图3-4）。

苏州园林许多景区的主题都与中国古典诗文有千丝万缕的联系，有的直接源于古典诗文，原拙政园东部的"归田园居"就是陶渊明所写的《归田园居》诗五首的物化。小沧浪跨于水面上，取《楚辞·渔父》"沧浪之水清兮可以濯我缨；沧浪之水浊兮，可从濯我足"句意，寓归隐之意。远香堂面临荷池，取自北宋周敦颐《爱莲说》中"予独爱莲之出淤泥而不染，濯清涟而不妖，中通外直，不蔓不枝，香远益清，亭亭净植，可远观而不可亵玩焉"句意。梧竹幽居亭旁种植梧桐和竹子，取唐代羊士谔《永宁小园即事》的诗句："萧条

图3-1　（清）吴俊《拙政园图》

图3-2　（清）吴俊《拙政园图》

梧竹月，秋物映园庐。"显示幽静的环境，并衬托出园主闲适悠然的心情。

　　匾额题刻，正是将园林中这些虚实之景以及文人的情思系此一词，来表达其深邃的立意、含蓄的意境和高雅的情调，从而拓展并且强化和充实了景境，内在的生命意蕴。有的泉石生辉，意趣超妙；有的寸山多致，片石生情，催发幽思；有的佛理禅趣，忘机脱俗；有的前贤遗韵，清芬奕叶。匾额又是高雅的文化向导，藻绘点染，赋形擒彩，传递既定的

图3-3 （清）吴俊《拙政园图》

图3-4 （清）吴俊《拙政园图》

意境信息，延引游人进入无限的艺术天地。

建筑的楹联是随着骈文和律诗成熟起来的，一种独特的文学形式，讲究骈丽对仗，音调铿锵、节奏优美，融散文气息与韵文的节奏于一体，浅貌深衷，蓄音深远。"拙政园中的楹联内容异彩纷呈，意象纵横：或描摹形神，挥洒淋漓；或景融哲理，余香袅袅；或感事抒怀，述志道情；或记事励德，启迪心性；或述古道今，情思悠悠。"士大夫文人从自然社会中感悟到的人生真谛、宇宙隐语以及内心情思，借助这高言妙语而物态化，从而感性地呈现在我们的面前。

苏州园林建筑外檐装修、内檐装修的形式、图案、花纹，既展现了古代建筑的精湛技艺，也体现了中国传统文化心理，更可以看到吴中文人审美的艺术心态。士大夫文人虽然竭力标举高雅脱俗，但他们毕竟生活在人间，有七情六欲，有生活企求和理想，士大夫文化与民俗文化相互渗透。所以，图案花纹中有可如人意的"如意"，万德吉祥的"卍"字，象征多子的"石榴"，多福的"佛手"，多寿的"松鹤"，多禄的"柏鹿"等，表达了祈求吉利的心理。不论是动物、植物，或是几何纹、文字、器具等，都是借形寓意等手段，表达了对福、禄、寿、喜、财的祈求。

"陶融自然，醉心风月"，这是我们从建筑装修中看到的吴中文人又一生活情趣。这些自然式的植物形图案、动物形图案，与自然式的园景水乳交融，是园林建筑自然化的艺术手法，它有助于创造引人遐想的自然氛围（图3-5）。

图3-5 （清）汪鋆《拙政园图》

中篇

布局

布局

图4-12 临河照壁

图4-13 四面厅避弄

东路住宅，现由南至北依次为鸳鸯花篮厅、花厅、四面厅、楼厅。前两座建筑在同一中轴线上，平面均为三开间，面阔小于主轴线上的平面为五开间的建筑。东路后两座建筑在同一中轴线上，但稍偏于前中轴线东，前、后两组建筑之间虽有院墙分隔，但院墙上辟成排漏窗，前后空间不完全分隔。鸳鸯花篮厅、花厅分别用院墙围合成封闭的庭院，使用时可不受干扰。四面厅位于面积较大的庭院中央部位，由于庭院的宽度小于进深，建筑不按常规南北向布置，而是东西向布置，使厅四周的空间都比较宽敞，处理大胆，别具一格。院内树木茂盛，如同小花园。楼厅坐北朝南，位于庭院北端，后为附房（图4-12）。

苏州传统民居在两路建筑物之间由前至后有避弄，临街设门，门厅关闭时由此进出。因两侧为墙壁，宽度较窄，多阴暗幽闭，避弄两侧设门可进出各个厅堂，形成使用合理、方便的通行路线。拙政园住宅东路和西路之间的避弄宽于传统民居的避弄，西侧依墙建开敞的走廊，廊南段东侧有二小院，内植丛竹。廊北段与四面厅庭院融为一体，如处于花园之中，无避弄之感，这是拙政园住宅异于传统住宅布局的又一个特色。

五 融于山水

拙政园分为东、中、西三部分，中、西部基本保持原有格局和风貌，东部为20世纪50年代末改建，三部分的总体布局都以山水为主，并各有特色，但都为自由、不对称形式。

拙政园中部是全园的精华，面积近19亩，水面约占2/5，总体布局以水池为中心，水面有聚有分。远香堂北面以聚为主，显得开阔。中部水面虽被山、桥分隔为几个部分，但水面流通环回，空间层次重重，景物深远不尽。两座水面环绕的山林，既被小溪分隔，又用小桥相连，水随山转，山因水活，具有江南水乡风光。中部南水池以曲折取胜，如小沧浪一带（图5-1）。

园内建筑大都临水，如明文徵明《王氏拙政园记》中所说："凡诸亭、槛、台、榭，皆因水为面势。"

中部主体建筑远香堂位于池南，前有临水平台，隔岸北望，山上林木苍翠，山石与亭半掩半露，掩映于一片池水之中。景色具有开阔疏朗、明静自然的鲜明特色。

以水池为中心，水池南远香堂与水面北雪香云蔚亭、水池东梧竹幽居亭与水池西荷风四面亭，散点式围绕水面布置，形成了似隔非隔、相对均衡，互为对应、形式各异，而又主次分明，具有向心关系的空间形态。一条类似住宅布局中的纵轴线贯穿远香堂与雪香云蔚亭，另一条横轴贯穿梧竹幽居亭与荷风四面亭。这两条线称之为"对应线"。两条线不是绝对垂直和水平，建筑的位置并不刻意追求对称。南北向对应线还下延至腰门，如同住宅布局中的中轴线，显示园林的布局在自由、灵活的特色中亦有"规整"（图5-2）。

水池南岸建筑较多，与北岸景色对比明显。建筑除围合成庭院外，仍多临水，如倚玉轩、香洲、得真亭、小飞虹、松风亭、志清意远，小沧浪更是驾于水面上，并与亭、廊、桥围合成自然、幽曲的水院，独具特色（图5-3）。

西部总体布局也以水池为中心，因面积较小，并随地形分别向东北和西南延伸，形成曲尺形。东北一支水流西侧有东、西向小溪，将土山分隔为主次、高低分明的两部分，并有小桥相连。西南一支水流有曲桥和中心水面分隔，和中部同样形成水面流通环回，只是

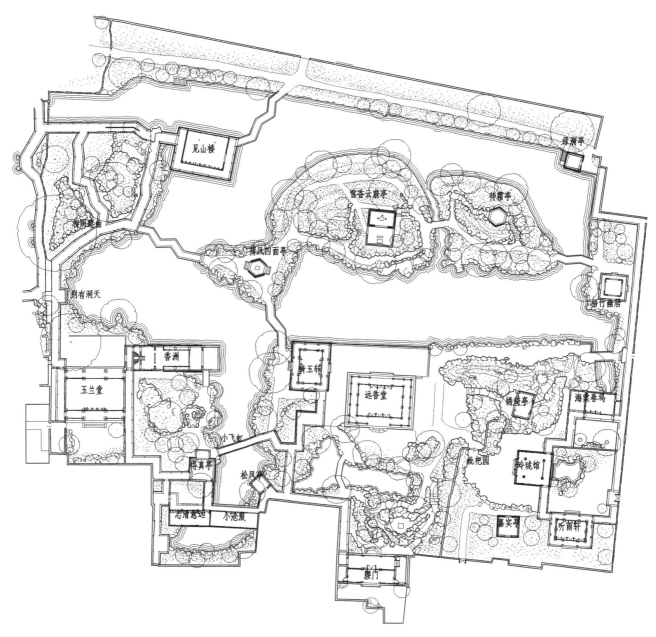

见山楼

绿漪亭

雪香云蔚亭

待霜亭

荷风四面亭

倒影楼

别有洞天

梧竹幽居

香洲

玉兰堂

玲珑馆

海棠春坞

远香堂

绣绮亭

小飞虹

枇杷园

得真亭

松风水阁

听雨轩

志清意远

小沧浪

嘉实亭

腰门

图5-1　中部花园平面图

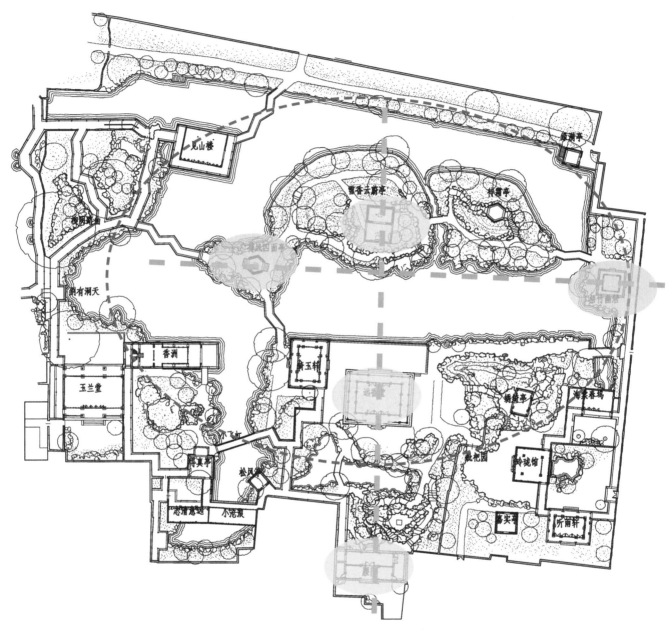

图5-2　中部花园布局分析图

图5-3　中部花园航拍图

空间形态相异（图5-4）。

西部主体建筑卅六鸳鸯馆位于水池南，与池北山林相对。馆因体形较大，而基地狭窄，因此没有按照苏州园林水池一面主要厅堂前有平台的形式，而是将馆北部架于水上，不仅使水面能显得较宽敞，水面引入馆的底部内，更显幽深。卅六鸳鸯馆与池北土山上浮翠阁，池东扇亭与池西留听阁，这四座建筑如同中部主水面周边的建筑同样形成了似隔非隔、相对均衡、互为对应、形式各异，而又主次分明，具有向心关系的空间形态。东、西与南、北建筑各互为对应（图5-5）。

池北倒影楼临水而建，倒影如画，与南面假山上宜两亭隔池互为对景。沿池东有长廊与倒影楼相连，廊曲折起伏跨水而建，凌水若波，构筑别致，被誉为中国最美水廊。池南塔影亭架于水上，倒影如塔，因此命名（图5-6、图5-7）。

在归田园居旧址上新建的东部，面积约31亩，当时为适应广大人民群众休息游览和文化活动的需要，布置了大草坪，具有明快、开朗的特色。但水池和山仍是主体，只是在位置上不如中部和西部显得突出。水面以东南处为主，并向西延伸，在东西两处，两支水流

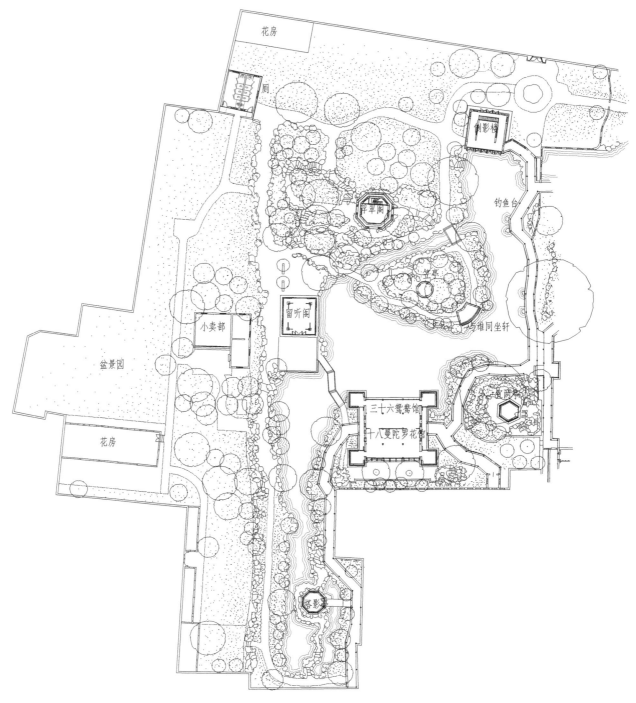

图5-4 西部花园平面图

往北围绕土山形成流通环回。水池西南处岸线曲折有致，有半岛与小岛，并向土山南侧延伸形成水湾，夹岸绿柳成行，繁花弥望，景色清幽。土山上林木森郁，山水相映。

东部建筑较少，共有6处，布置较分散。除大草坪中体型偏大的天泉亭外，主体建筑秫香馆面山水而建。水池东芙蓉榭与西南处水池南涵青亭均前部跨水。土山上放眼亭体形小巧，映衬于林木中，都注重于山水的融合（图5-8）。

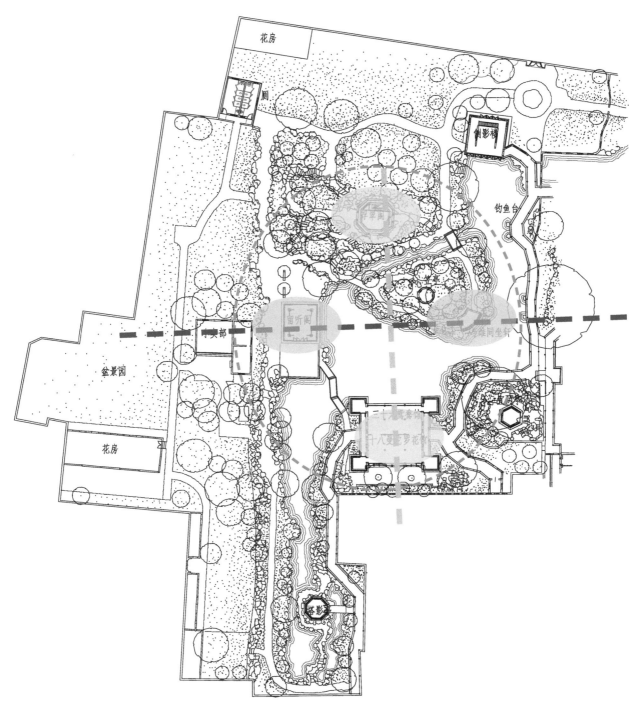

图5-5 西部花园布局分析图

图5-6　西部花园航拍图1

图5-7　西部花园航拍图2

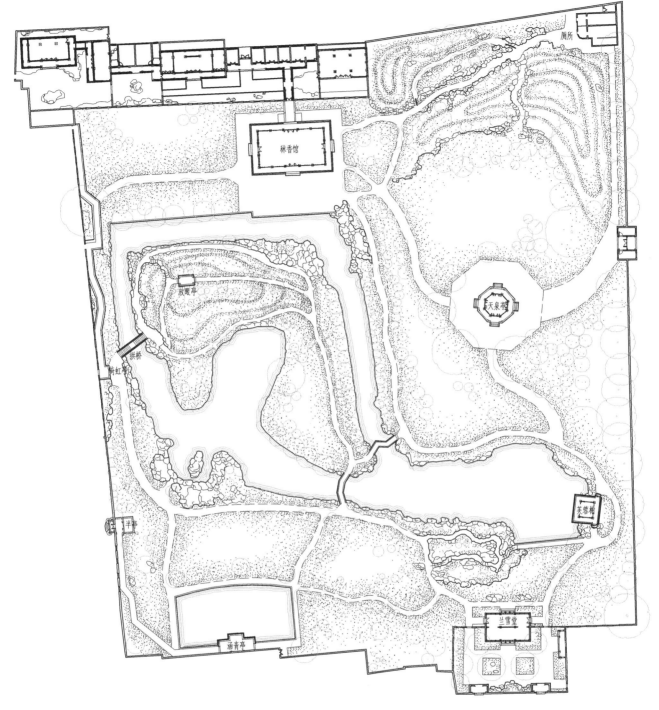

图5-8 东部花园平面图

六 围合庭院

我国已故著名建筑学教育家、建筑师童寯教授在《江南园林志》一书中将园字形象地图解为："'口'者围墙也。'土'者似屋宇平面，可以代表亭榭。'口'字居中为池。'仄'在前似石似树。……园之大者，积多数庭院而成，其一庭一院，又各为一'圜'字也。"这一段话既概括了园林的组成要素，又分析了构成园林的基本单元是庭院（图6-1）。

图6-1　繁体圜字

庭院不仅是构成园林的基本形式，在我国古代的宫殿、寺观庙宇、邸宅中同样也是基本形式，庭院大都采用对称布局，平面方正、规整，或显得庄严肃穆，或显得平和宁静。苏州园林宅园一体，园林中的庭院或作为小住宴聚之用，或为读书、作画之处。院内建筑与自然要素结合密切，庭院平面和空间形态灵活多变。苏州园林作为文人山水园，更注重意境的创造。

庭院是苏州园林的一种建筑组成形式。由于一些园林的面积都不大，须在有限的空间内创造出幽静的环境，或在连续的建筑之间插入不同景色的过渡空间，增加园景之间的变化，因而以院落来划分空间与景区，成为常用的手法。庭院多位于建筑前、后，以院墙、走廊构成规则的或不规则的平面。院内多有花台，布置树木、峰石，有的兼有水池，在白墙的衬托下，成为建筑的前景。

拙政园的玉兰堂、海棠春坞、听雨轩、志清意远北等庭院平面为规整形态，但建筑的位置处理较灵活。海棠春坞稍偏于庭院中轴线东，建筑两侧各有与开间大小不同相应的小院衬托主庭院。听雨轩偏于庭院中轴线西，轩的东、南、西三面均为花木，绿意盎然。志清意远西北为曲尺形走廊，都使庭院避免了规整的感觉。

拙政园的玲珑馆庭院和小沧浪水院平面为不规则形，各具特色。玲珑馆与曲折、自然的土山融为一体，所围合的庭院平面、空间形态自然，加之花木茂盛，如同小花园，有"园中园"之称。小沧浪与亭、廊围合而成少见的水院，松风亭、廊转折自如，庭院平面、空间形态自由、活泼。

庭院的空间处理大体有封闭、开敞两种形式。玉兰堂位于中部西南隅，仅西北处有门开闭可进出，为封闭形式，自成一独立的环境，形成安静的气氛。其他庭院都为开敞式庭院，可以自由穿行，并利用空廊、走廊和院墙上的洞门、空窗、漏窗与外界沟通，使庭院空间互相流通，避免小空间造景的闭塞感，同时还使庭院内外景色相互交融。

以几个庭院组成的院落群，是庭院组合的扩大和景观的提升。坐落在中部西南隅的小沧浪南、北的水院和志清意远北庭院，三个庭院形式、大小、空间形态各不相同，但池水流通，景色相融，三个庭院各以幽静、开敞的景观特色取胜（图6-2、图6-3）。

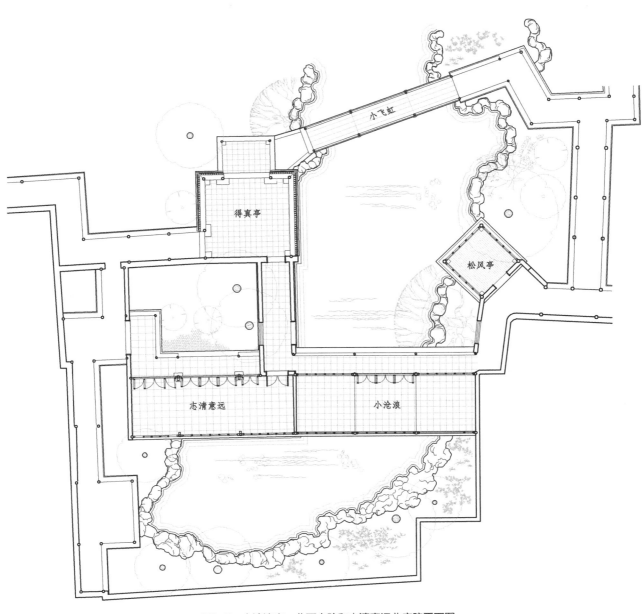

图6-2　小沧浪南、北面水院和志清意远北庭院平面图

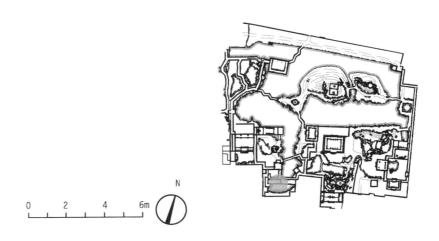

0　　2　　4　　6m

N

图6-3　小沧浪南、北的水院和志清意远北庭院航拍图

　　位于中部东南隅的海棠春坞、玲珑馆、听雨轩三个庭院的平面大小、空间形态、景色各不相同，通过走廊、院墙连接、分隔，穿插组合十分自然妥帖，形成错落有致、极富韵味的空间构成。三个庭院花木各以海棠、枇杷、翠竹与芭蕉为主，形成了不同的春光、夏景、秋色的景观。三座建筑之间的布局也颇具匠心，海棠春坞坐北朝南，听雨轩坐南朝北，而玲珑馆位于两建筑空间中部偏西，坐东朝西，三座建筑却构成了具有向心的空间形态（图6-4、图6-5、图6-6、图6-7）。

　　建筑在园林中大多具有使用功能，需有相应的室内空间便于人的活动，因此在平面较小的庭院内需要弱化建筑体型，使建筑人工要素和花木自然要素能显得协调。拙政园除玉兰堂体型较大外，其他庭院内平面为三开间的建筑，宽度都不大，海棠春坞为少见的两开间。建筑檐高大多稍高于3m，而玲珑馆檐高仅约2.7m，小沧浪檐高约2.5m，小巧玲珑的建筑倍感亲和。

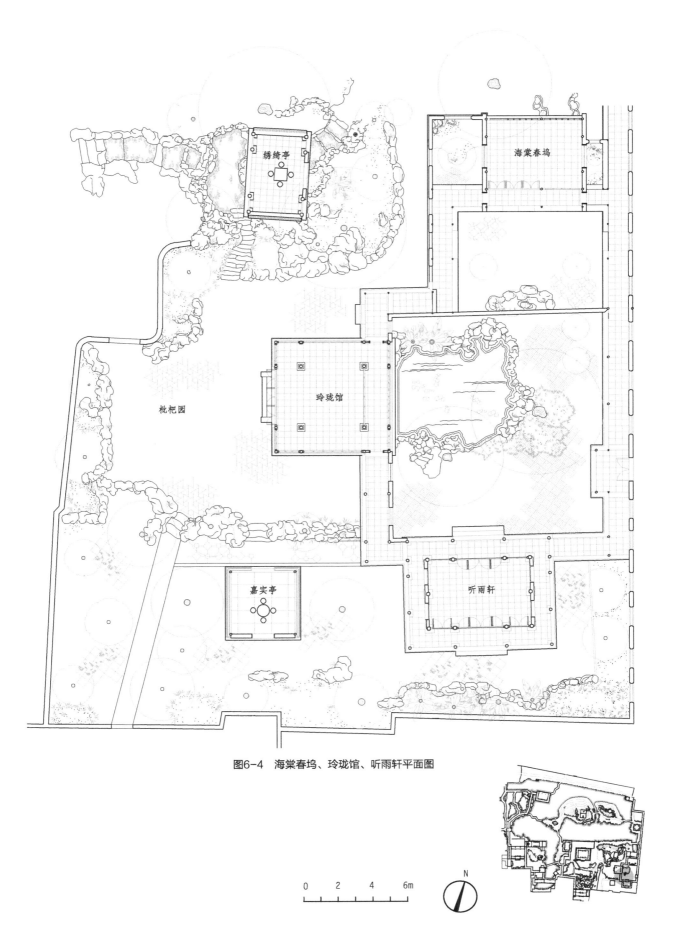

绣绮亭

海棠春坞

枇杷园

玲珑馆

嘉实亭

听雨轩

图6-4 海棠春坞、玲珑馆、听雨轩平面图

0　2　4　6m

N

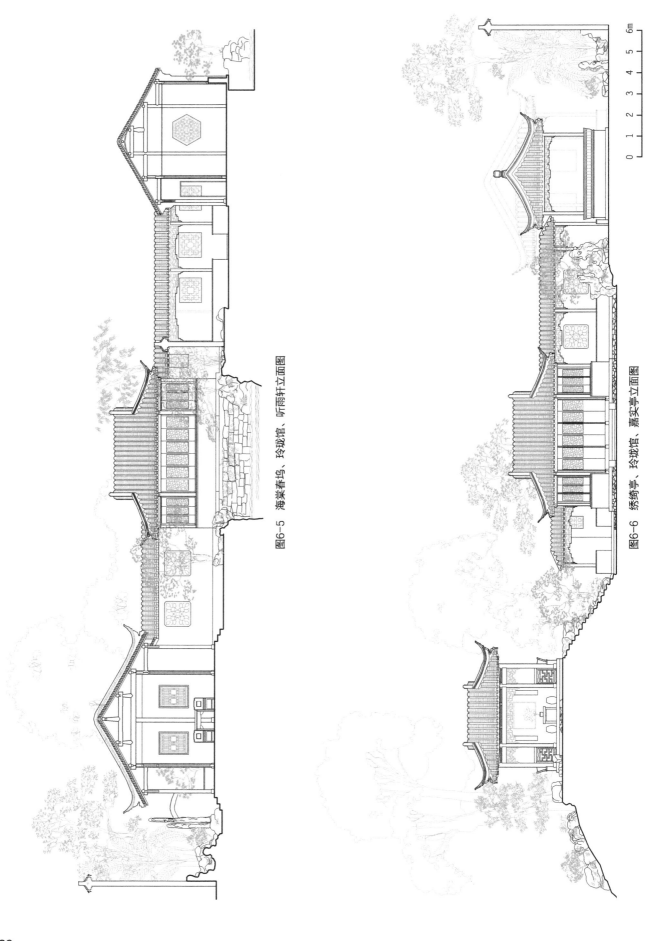

图6-5 海棠春坞、玲珑馆、听雨轩立面图

图6-6 绣绮亭、玲珑馆、嘉实亭立面图

0 1 2 3 4 5 6m

图6-7 海棠春坞、玲珑馆、听雨轩航拍图

下篇

类型

建筑在苏州园林中具有使用与观赏的双重作用，它常与山池、花木共同组成园景，在局部景区中还可构成风景的主题。山池是园林的骨架，但欣赏山池的位置，常设在建筑物内，因此建筑不仅是休息场所，也是风景的观赏点。建筑的类型与组合方式有密切的关系，因而建筑的类型与数量之多是苏州园林的一个特色。拙政园作为苏州现存最大的园林，宅园一体，其面积远超其他园林，因此建筑类型齐全，数量最多，为各园林之冠。其中一些建筑为苏州乃至全国古代园林佳构，最具代表性的有舫——香洲，有廊——波形廊，卅六鸳鸯馆则是孤例。

园林建筑的类型，根据功能、形式与所处位置进行命名，但具体建筑物的名称也常混用，没有严格的规定。拙政园内的建筑可分为厅堂馆轩、楼阁、榭舫、亭、廊五种类型，而每种类型又有多种形式，富于变化。

七 厅、堂、馆、轩

厅、堂作为建筑在我国起源很早，《礼记》有"天子之堂九尺，诸侯七尺，大夫五尺，士三尺"的记述。与"堂"相比，"厅"的历史没有那么久远。"厅"的原指是"听"，古时官吏受事察讼之处。现今，"厅"、"堂"往往连称或混用，没有严格的界限，泛指会客、宴请和举行礼仪的房屋。在苏州园林中，通常将梁架断面为长方形木料（扁作）的建筑称厅，将梁架断面为圆形木料（圆堂）的建筑称堂。但有时较随意，拙政园远香堂的梁架虽为扁作，却称堂。馆、轩，也算作厅堂的一种类型，体量有大有小，大都位于园林的次要部位。但拙政园西部、东部主体建筑却分别为卅六鸳鸯馆、秫香馆，中部玲珑馆却是一座较小的建筑。馆、轩形式根据所处的环境，因地制宜，形式多样。

在宅园一体的拙政园中，园林和住宅两部分的主体建筑都是厅、堂，《园冶》中有："凡园圃立基，定厅堂为主。"强调了厅堂在园林布局中的重要性。

苏州园林建筑的木结构在构造和装饰上具有形式多样和精巧的特色，有鸳鸯厅、花篮厅、贡式厅、满轩等。拙政园的建筑还有将鸳鸯厅和花篮厅两种梁架合为一体的鸳鸯花篮厅。

厅堂由于进深较大，在中部跨度较大的梁架前后还须立柱设跨度较小的梁架。常在这些梁架下设轩，根据木椽的形式不同，分别有茶壶档轩、弓形轩、一枝香轩、船篷轩、鹤颈轩、菱角轩、海棠轩等，使室内上部空间显得轻盈而有变化，具有装饰作用，同时还有隔热防寒、遮挡灰尘的功能。在拙政园的建筑中分别有以上这些不同形式的轩。

由于拙政园内厅堂馆轩较多，分为住宅和园林两部分介绍。

图7-1 茶壶档轩

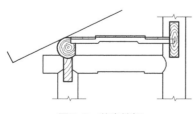

图7-2 茶壶档轩

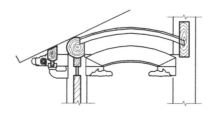

图7-3 弓形轩

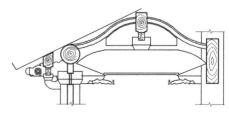

图7-4 一枝香轩

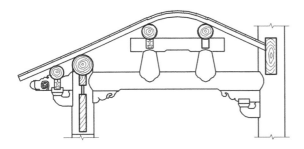

图7-5　圆料船篷轩

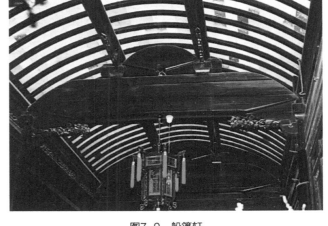

图7-9　船篷轩

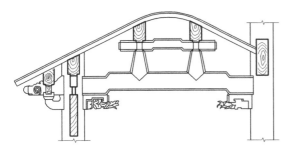

图7-6　贡式软锦船篷轩

图7-10　菱角轩

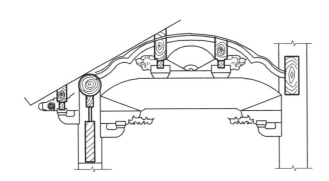

图7-7　菱角轩

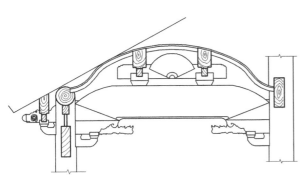

图7-8　扁作鹤胫轩

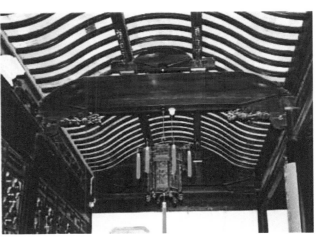

图7-11　鹤胫轩

31

（一）住宅

1. 门厅

门厅位于住宅主轴线——西路第一进，前院进深较小，东西两侧院内各植白玉兰两株，谐音取玉堂富贵之意。院墙中为砖细贴面墙门，上题"基德有常"，意为立德有准则、常规。"基"，事物的根本，"德"，作动词"立德"讲，"有常"，有常规、准则，即事物的根本是立德，这是有常规准则的。《易经·系辞下》："履，德之基也"。《左传·襄公二十四年》："德，国家之基也。"

门厅平面面阔五开间，三明两暗，宽约19m，进深约6.6m，檐高约3.5m。正间与次间、边间宽度的比例，正间宽度与檐高的比例，按《营造法原》均为1：0.8，现都相差无几，门厅后有院墙，形成窄小的"蟹眼天井"，以利于采光、通风。厅屋顶为硬山式，屋脊为主次分明三段式闭口哺鸡脊，避免过长显得单调，构造也较坚固。

门厅梁架正间中为扁作四界，前、后均为川梁，边间两侧中为穿斗式，前、后均为扁作川梁。正间廊柱柱间设长窗，后步柱柱间设六扇屏门。次间与边间廊柱柱间均为半墙半窗，内心仔分为三格，无花纹，形式简洁（图7-12、图7-13、图7-14、图7-15）。

图7-12 门厅

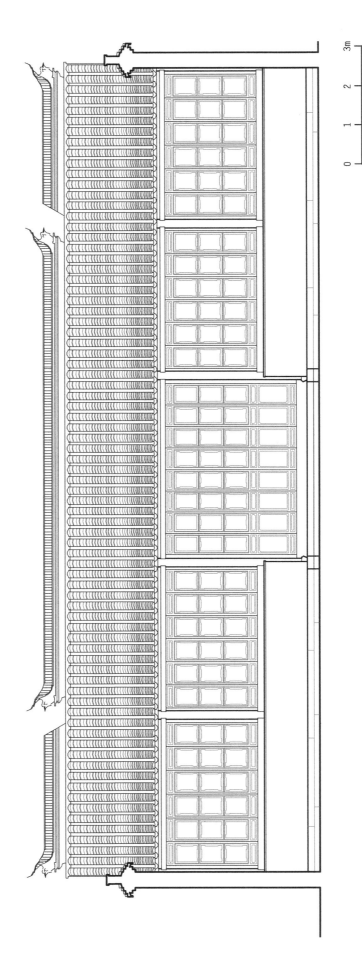

图7-13 门厅立面图

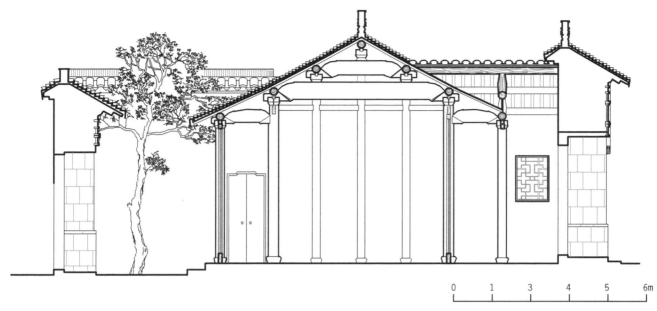

图7-14　门厅剖面图

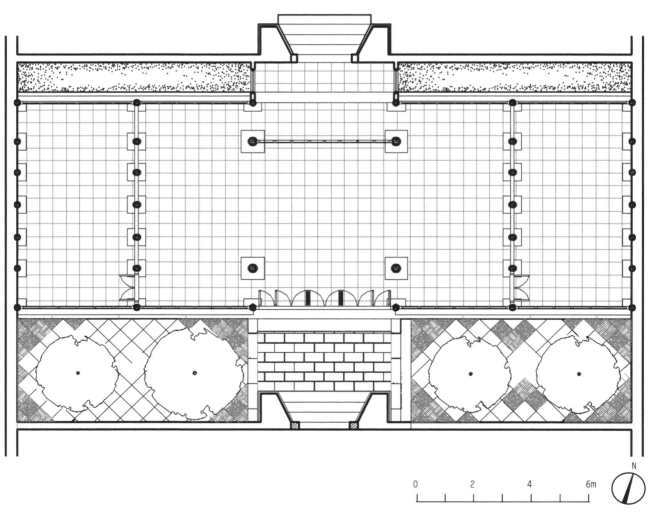

图7-15　门厅平面图

2. 大厅

大厅位于住宅主轴线——西路第二进，前院较宽敞，东、西两侧院内各植樱桃树两株。院墙中为砖细贴面门楼，上题"清芬奕叶"，意为世代德行高洁。"清芬"，比喻德行高洁；"奕叶"，表示累世，此可指世世代代。

大厅平面面阔五开间，三明两暗，前有廊，宽约18.8m，进深约10.7m，檐高约3.9m，出檐约0.9m。大厅后有院墙，形成窄小的"蟹眼天井"，大厅屋顶为硬山式，屋脊为主次分明三段式开口哺鸡脊。

大门梁架正间中为扁作六界，以坐斗代替童柱，山界梁上有山雾云，大梁两端下有"蒲鞋头"，规格较高。正间前为扁作川梁，后为扁作双步梁。边间两侧中为穿斗式，前后同正间。

正间与次间前步柱柱间设长窗，边间前步柱柱间为半墙半窗。次间与边间后廊柱柱间均设半墙半窗，窗内心仔同门厅。正间与次间后步柱柱间均为屏门，两次间的屏门可开闭，为典型大厅的形式。前廊柱柱间上有万字挂落，次间与边间柱间设万字栏杆，显得庄重、精致（图7-16、图7-17、图7-18、图7-19）。

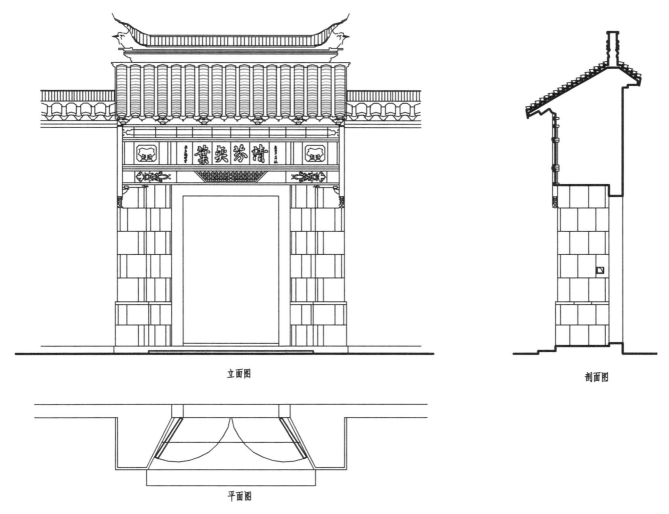

立面图

剖面图

平面图

图7-16　大厅南院门楼

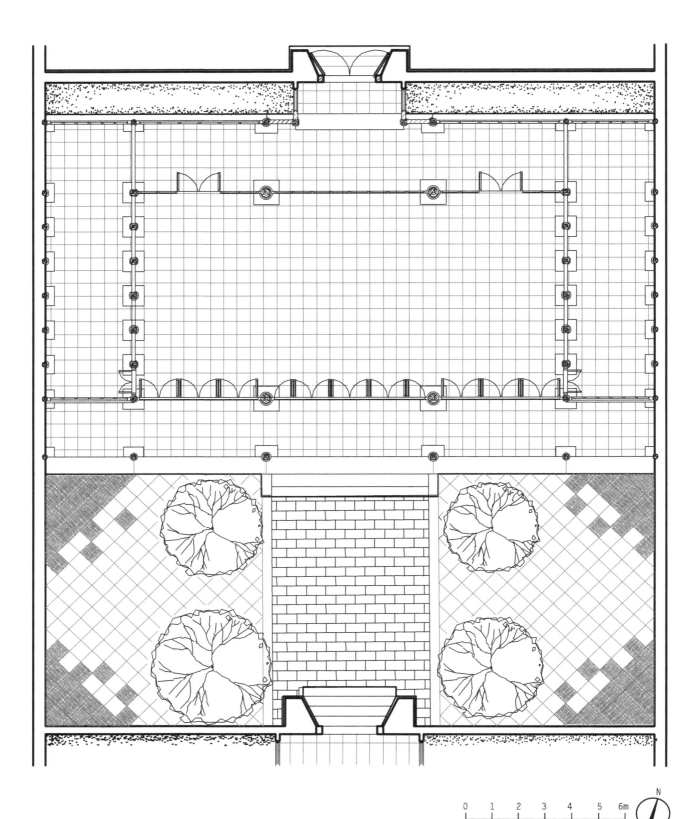

图7-17　大厅平面图

0　1　2　3　4　5　6m

N

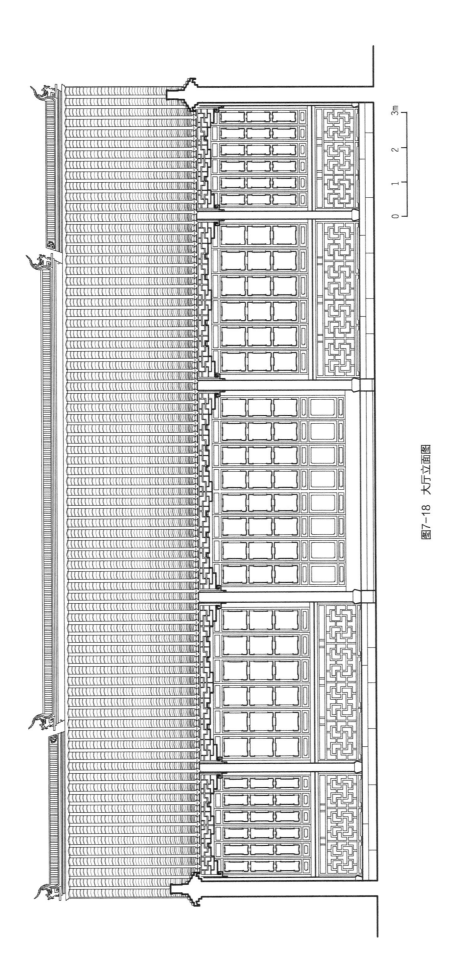

图7-18 大厅立面图

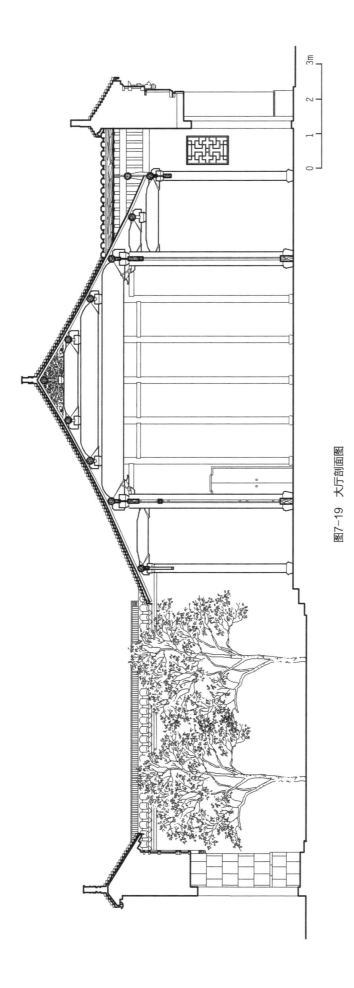

图7-19 大厅剖面图

3. 鸳鸯花篮厅

鸳鸯花篮厅位于住宅东部第一进，坐北朝南，是读书、作画、休憩之处。堂前三面院墙围合成封闭的庭院，铺地为满铺碎石镶嵌万字海棠花纹。院内东、西各有黄石堆砌自然的花台，分植青枫、桂花，环境幽静。

鸳鸯花篮厅平面面阔三开间，宽约10米半，进深约9米半，檐高近4米，出檐近1米，屋顶为硬山式，纹头脊。厅的形式独具特色，将鸳鸯厅和花篮厅的梁架形式结合为一体，南部为扁作三界回顶鹤胫形橼，北部为圆堂三界船篷形橼，南、北轩梁形式各与之相同。但正间前、后步柱升起，悬挑于搁置在两侧山墙的通长步桁上，梁端雕饰呈花篮形。两种形式的结合，使梁架富于变化，室内空间显得开敞。前、后廊柱柱间均设长窗，内心仔分为三格，无花纹，形式简洁。

4. 花厅

花厅位于住宅东路第二进，也是读书、作画、休憩之处。厅与鸳鸯花篮厅前东、西两侧院墙围合成平面、空间形态规整的庭院，庭院中为规则的石板路，两侧铺地为碎石间方式。庭院东、西各植玉兰一株，依两侧院墙筑半海棠形花台，内植木香，点缀墙面。通过厅后小院墙上的漏窗，可以隐约看见北面四面厅庭院内景色，建筑不显封闭。

花厅平面面阔三开间，有前廊，宽约11米半，进深近9米，檐高约4米，出檐约1米，屋顶为硬山式，仍属纹头脊。厅梁架内为圆堂四界，前廊较宽，为圆堂三界回顶船篷轩，后梁架为圆作一枝香鹤胫轩。两次间廊柱柱间设万字形栏杆，上设挂落。前步柱柱间均设长窗，内心仔分为三格，花纹较简洁。后廊柱柱间均设半墙半窗，内心仔同前（图7-20、图7-21、图7-22、图7-23、图7-24、图7-25）。

图7-20 鸳鸯花篮厅轩1

图7-21 鸳鸯花篮厅轩2

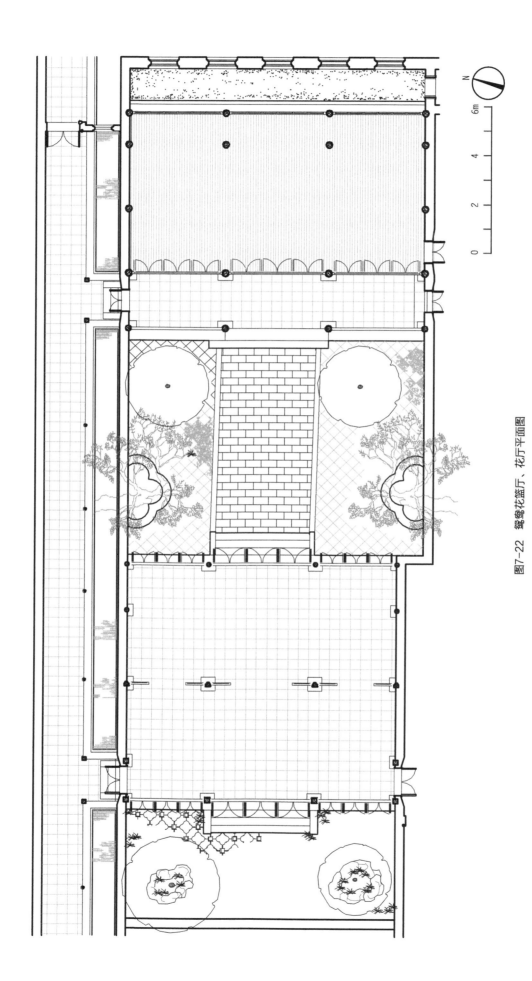

图7-22 鸳鸯花篮厅、花厅平面图

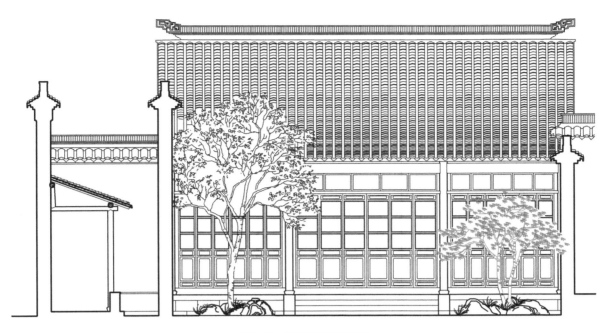

图7-23　鸳鸯花篮厅立面图

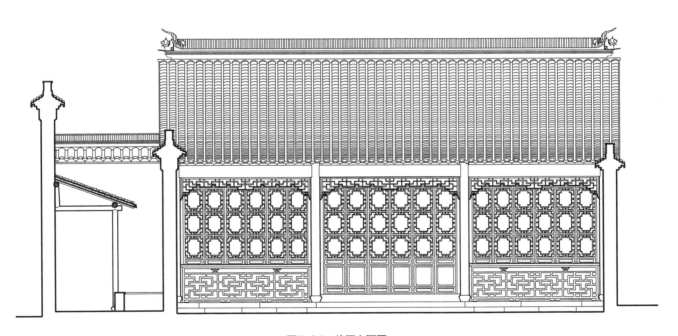

图7-24　花厅立面图

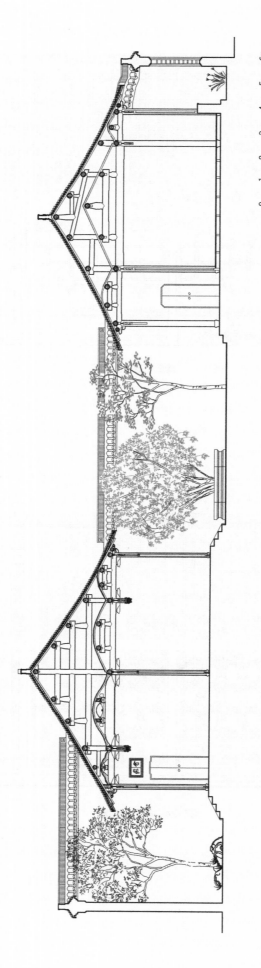

图7-25 鸳鸯花篮厅、花厅剖面图

5. 四面厅

四面厅位于东路住宅第三进，所在庭院较宽敞，并与其北楼厅同在一条中轴线上，布局形式虽规整，但厅为东、西向布置，异于常规。庭院南植有高、低树木多株，绿意盎然。东与南院墙辟有多个漏窗，西侧走廊后墙上也辟漏窗，依南墙砌黄石花台点缀翠竹，环境自然，宛如花园，有异于传统民居中的氛围。

四面厅形式也和传统的厅堂大不相同。厅台基较高，四周围以黄石，但堆叠成多个高低错落的花台，各植形态不同的花木，以枫树、山茶居多。石、树既衬映四面厅，又融为一体，和庭院的自然环境相协调。

四面厅内平面三开间，四周为回廊，宽约11.3m，进深约8.4m，檐高约4m，出檐0.9m，屋顶为歇山式，屋角为水戗发戗。厅梁架为圆堂五界回顶，四周廊梁架为鹤胫椽一枝香轩。厅正间前、后步柱柱间与次间前、后金柱柱间设长窗，其余柱间均设半墙半窗。回廊柱间为较低栏杆，挂落为藤茎纹，较精致（图7-26、图7-27、图7-28、图7-29、图7-30）。

图7-26　四面厅

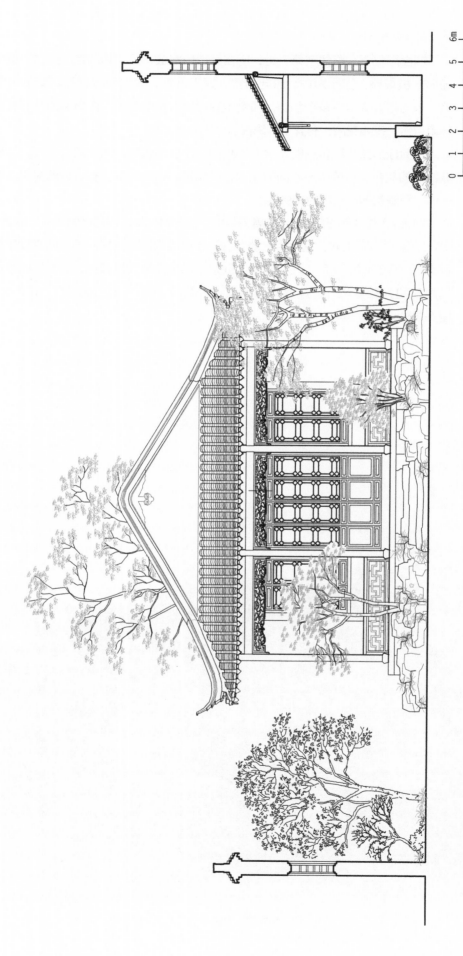

图7-27 四面厅北立面图

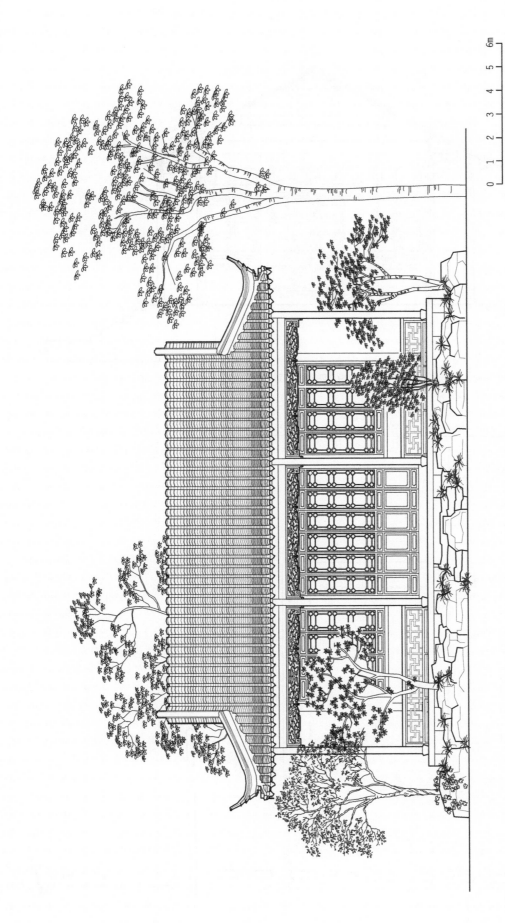

图7-28 四面厅东立面图

0 1 2 3 4 5 6m

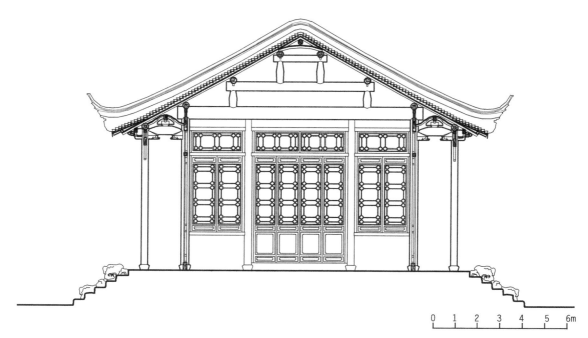

图7-29　四面厅剖面图

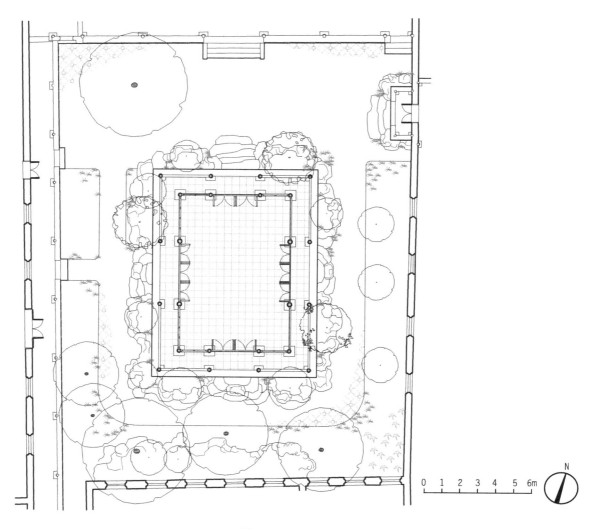

图7-30　四面厅平面图

（二）园林

1. 远香堂

远香堂是中部主体建筑，位于水池南，临水有宽敞平台，北望林木葱郁山林，南观广玉兰掩映中池畔黄石假山，东为林木丛植的土山，周围环境开阔，景色优美。因池中夏季荷花盛开，北宋周敦颐《爱莲说》云："……予独爱莲之出淤泥而不染，濯清涟而不妖，中通外直，不蔓不枝，香远益清，亭亭净植，可远观而不可亵玩焉……莲，花中君子者也"。名曰写荷，实则抒写个人情怀，用"香远益清"借喻君子品格高尚，声名远扬。这正是我国古代文人对自然美欣赏的传统特点。

为全面观赏四周景色，远香堂采用四面厅形式，即建筑四周为回廊，室内步柱柱间均为长窗，长窗不是传统的式样，即无上、中、下夹堂和裙板，内心仔自上而下分隔为四格，中间两格心仔仅有周边一圈，简练、通透，便于观赏景色。这种细部上的灵活变化，显示了园林建筑不拘泥于常规的特色。

远香堂平面面阔五开间，四周为回廊，宽约12.7m，进深约10.1m，檐高约3.4m，出檐约1.2m。正间宽度和次间宽度间的比例，远大于《营造法原》书中1：0.8的规定，但较宽的正间却能形成宽敞的景观面，同样显示了园林建筑形式的灵活。远香堂屋顶为歇山式，屋角为起翘较平缓的嫩戗发戗，屋顶有哺龙脊，垂脊下端突出，并有雕饰。这可能是拙政园曾作为太平天国忠王府的一部分，屋顶规格较高须与其相应。

远香堂的梁架结构也有特色，没有在正间前、后两侧步柱上搁梁架，而是在正间前、后步柱和次间的金柱上搁呈四十五度的扁作搭角梁，梁上坐斗上搁扁作四界大梁，其上为山界梁，堂内空间显得高敞。堂台基为青石砌筑，覆盆莲花纹青石柱础，似为明代遗物。

远香堂虽体量较大，屋顶形式庄重，但因四周为回廊，长窗通透，仍具有园林建筑轻盈的风格（图7-31、图7-32、图7-33、图7-34、图7-35 、图7-36）。

图7-31　远香堂

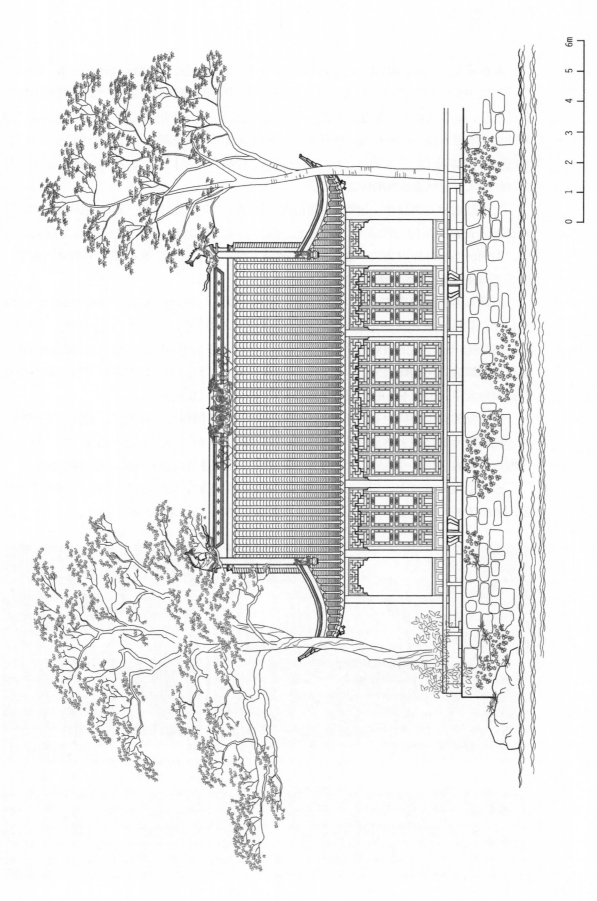

图7-32　远香堂北立面图

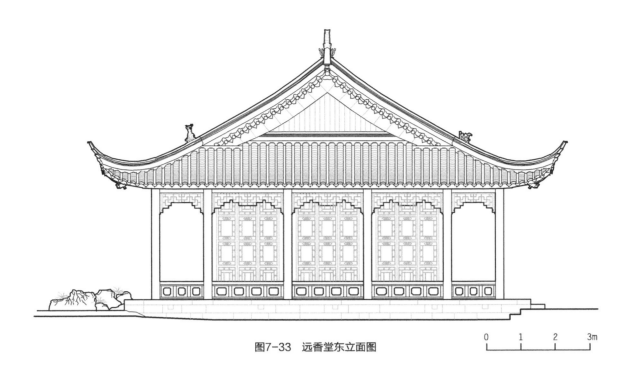

图7-33 远香堂东立面图

0 1 2 3m

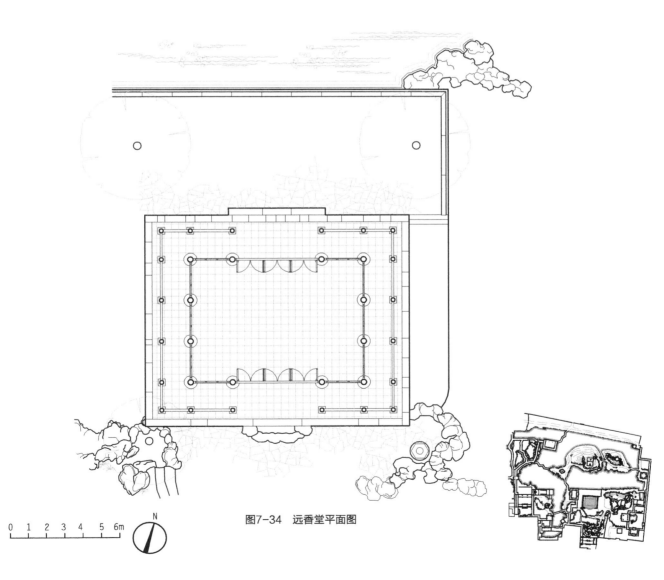

图7-34 远香堂平面图

0 1 2 3 4 5 6m

N

图7-35 远香堂横剖面图

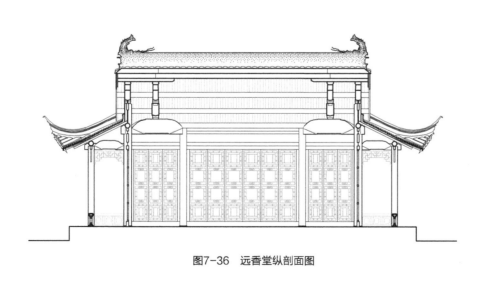

图7-36 远香堂纵剖面图

0　1　2　3　4　5　6m

2. 玉兰堂

玉兰堂位于中部西南隅，紧临住宅，坐北朝南，堂为花厅，是会客、读书、作画之处。堂前庭院由东侧走廊、西侧附房与南面院墙围合而成，依南墙湖石花台上石峰、天竺相映成景。院内两株玉兰亭亭玉立，笼盖一庭，早春花开，千枝万蕊、莹洁清丽、白色微碧，宛如雪山琼岛，且气香如兰，令人心舒目开，故堂取名玉兰。

堂平面面阔三开间，宽约12.3m，前后有内廊，进深约10.4m，檐高约3.9m，出檐约1m。正间与次间宽度的比例，正间宽度与檐高的比例，均分别符合《营造法原》书中1∶0.8、1∶1的规定。屋顶为硬山式，屋脊较高。堂梁架内为圆堂四界，前、后廊为川梁。堂前廊次间柱间设栏杆，正间步柱柱间设长窗，次间步柱柱间设半墙半窗，前两次间廊柱柱间设书条式花纹栏杆，上设挂落。堂北廊柱柱础为青石覆盆形式，显得古朴。步柱柱间均设半墙半窗，半墙外砖细贴面，显得精致（图7-37、图7-38、图7-39、图7-40）。

图7-37 玉兰堂

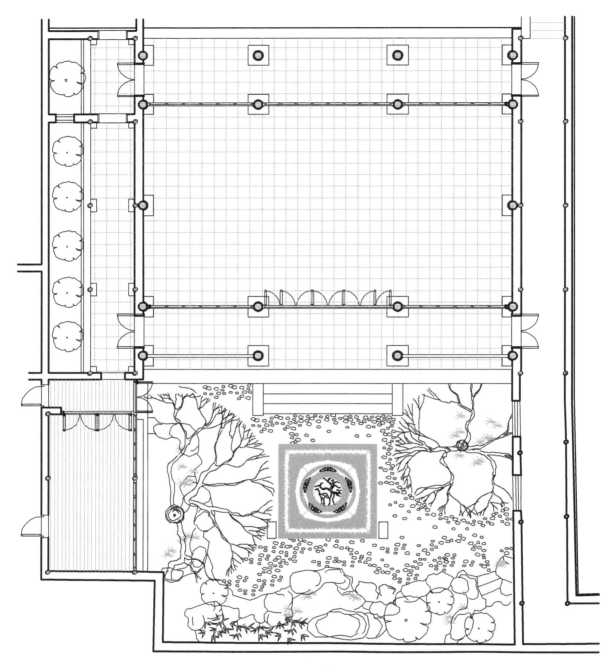

图7-38 玉兰堂平面图

0　1　2　3　4　5　6m

N

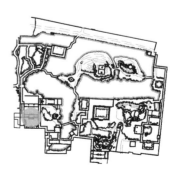

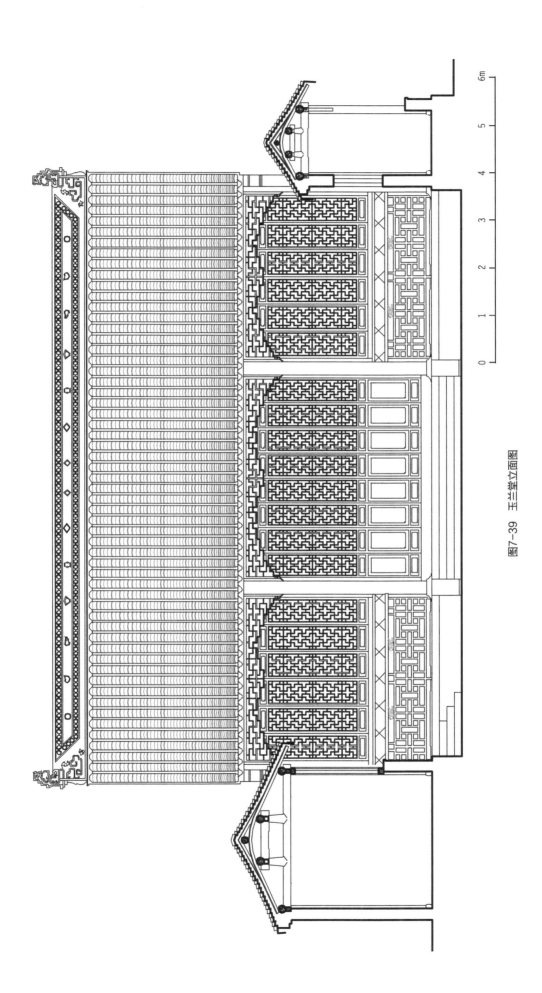

图7-39 玉兰堂立面图

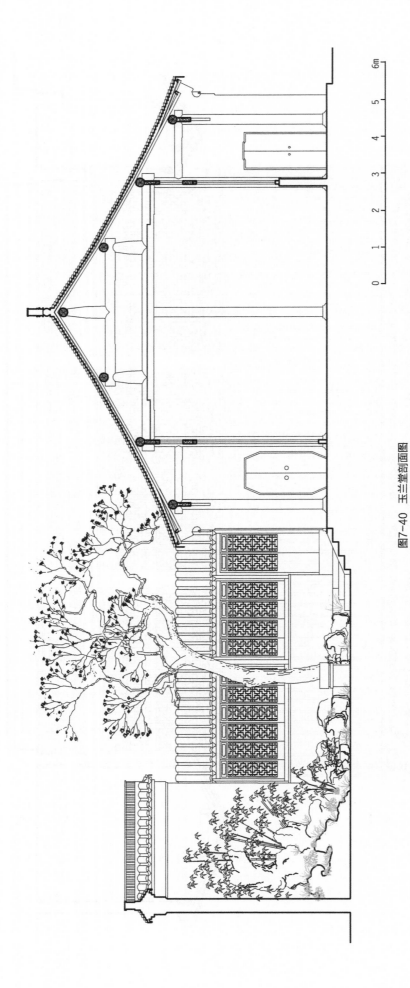

图7-40　玉兰堂剖面图

3. 卅六鸳鸯馆

卅六鸳鸯馆是西部主体建筑，位于水池南，面对池北土山上浮翠阁，互为对景，构成西部主要景观。因池面空间较小，馆前没有布置临水平台，馆的前部跨水而建，水面延伸至内，有扩大之感。馆南为小院，植茶花，环境幽闭，馆南北空间、景色对比鲜明。卅六鸳鸯馆由平面近方形的主馆与四隅平面为方形的耳室组成。主馆被屏门、纱槅挂落分隔为南、北大小相同的两部分，如同鸳鸯厅的平面形式。南部向阳，宜于冬、春活动，北部背阴，宜于夏、秋休憩。因小院内有十八株山茶花，水池内鸳鸯戏水，故南、北两馆分别名为十八曼陀罗花馆、卅六鸳鸯馆。

馆主体面阔三开间宽约10.5m，进深约11.7m，檐高约4m，出檐约1m，屋顶为硬山式，纹头脊。耳室平面方形，各边长约2.9m，檐高约4m，出檐约0.6m，屋顶为攒尖式。两者构成主次分明、形式别致的组合形体，在我国古代园林中独具特色。主体的梁架形式称"满轩"，即南、北两部分在草架下各有并列的鹤颈轩与船篷轩，四轩相连构成整体。满轩既加强了装饰、避暑、防寒的作用，还因降低了室内空间的高度，显得亲切宜人。当年园主钟情昆曲，经常在此举行曲会，室内空间高度较低，宜产生较好的声响效果（图7-41、图7-42、图7-43、图7-44）。

图7-41 卅六鸳鸯馆

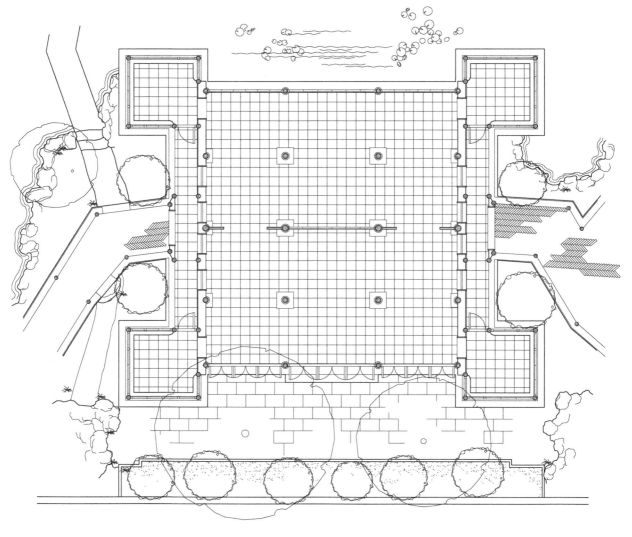

图7-42 卅六鸳鸯馆平面图

0   2   4   6m

N

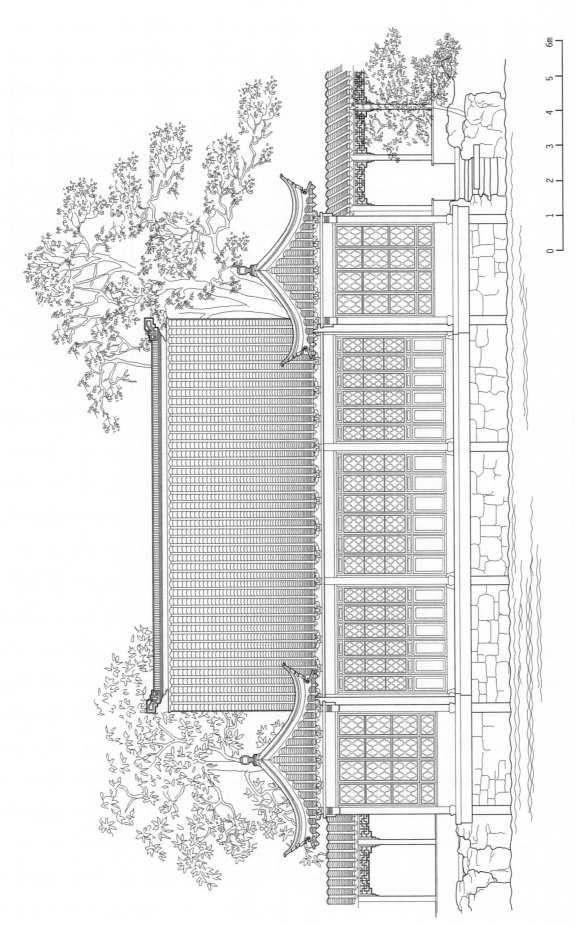

图7-43 卅六鸳鸯馆立面图

6m
5
4
3
2
1
0

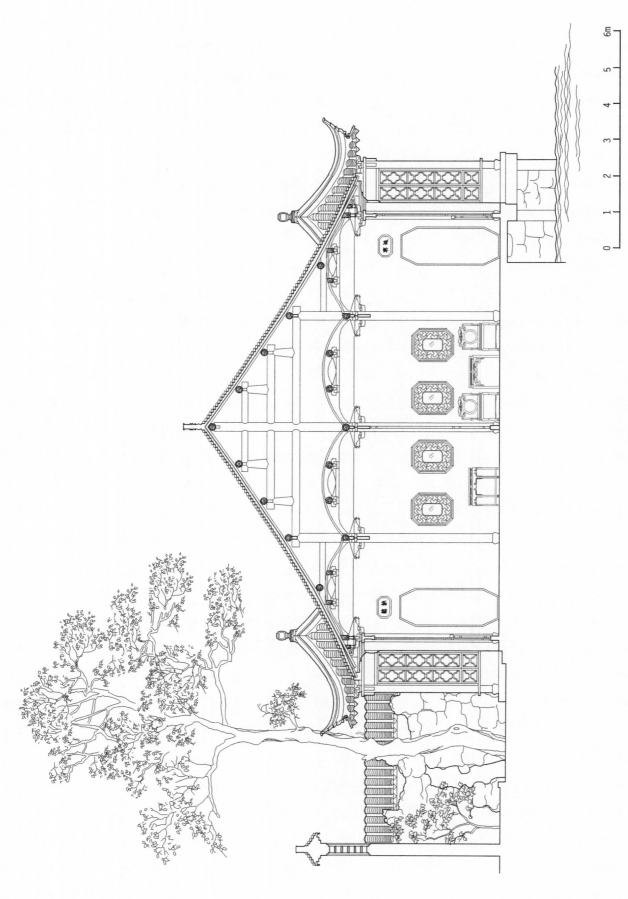

图7-44 卅六鸳鸯馆剖面图

4. 秫香馆

秫香馆位于东部北院墙南，前有宽敞平台，面对呈L形窄长水池与池东草坪，景色既开阔又显深远。与东部主山上放眼亭隔池偏西相对。王心一《归田园居》："析北为秫香楼，楼可四望，每当夏秋之交，家田种秫，皆在望中。"秫本指高粱之黏者，此指稻谷。以虚景名馆，为稻谷飘香的馆所。

馆平面面阔七开间，四周为回廊，宽约19.2m，进深约12.3m，檐约高3.7m，出檐约0.9m。屋顶为歇山顶，屋角为嫩戗发戗。因馆为上世纪五十年代所建，梁架为人字形屋架，下设吊顶。馆回廊梁架为三界回顶船篷轩。正间南、北步柱柱间设长窗，次间、边间柱间设地坪窗。回廊柱间设万字花纹栏杆。馆回廊东西内侧柱间设墙，中辟门，门扇为长窗，两侧为方形景窗。长窗的裙板、中夹堂、半窗夹堂均雕饰《西厢记》等戏文图案，雕工精细。堂虽体形较大，因四周为回廊，装饰精美，在开阔的环境中不觉突兀（图7-45、图7-46、图7-47、图7-48、图7-49）。

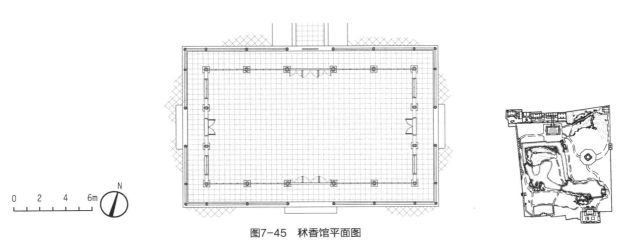

图7-45 秫香馆平面图

图7-46 秫香馆

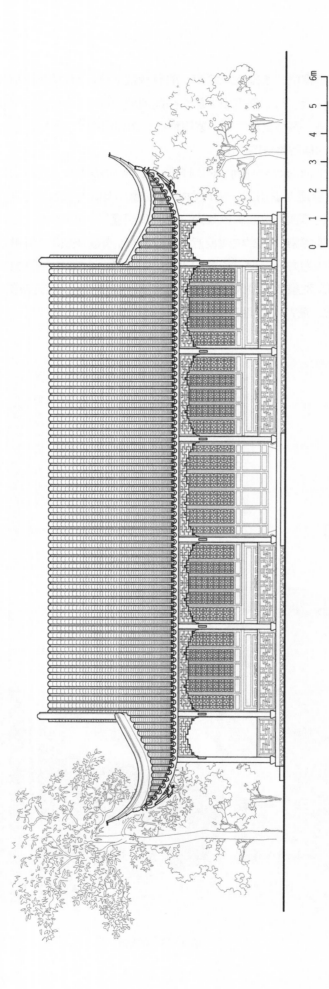

图7-47 秫香馆南立面图

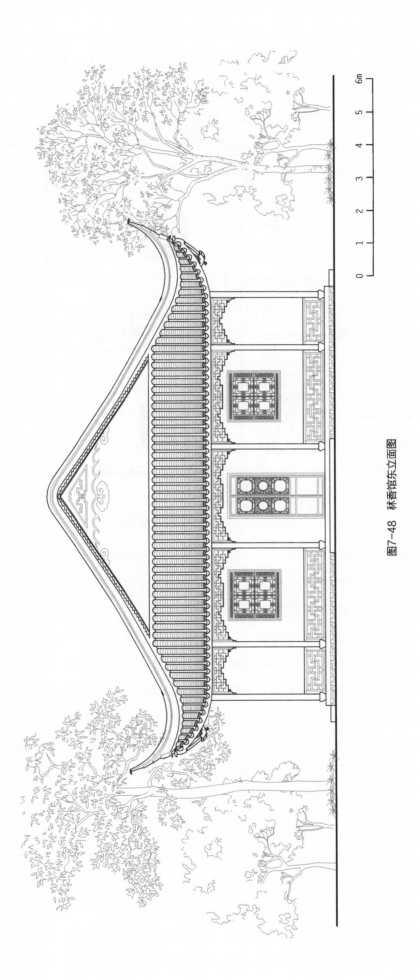

图7-48 秫香馆东立面图

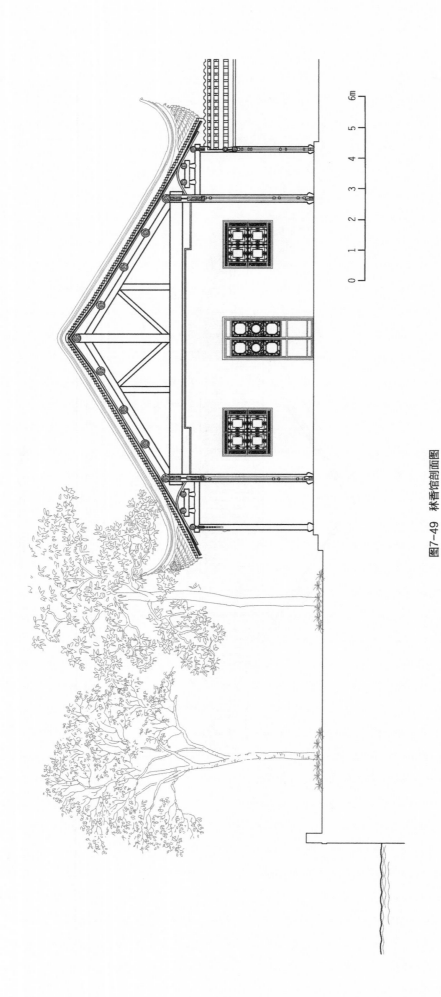

图7-49 秫香馆剖面图

5. 兰雪堂

兰雪堂位于东部东南隅，坐北朝南，位于由院墙围合成的庭院的中轴线北，庭院平面规整，南院墙东、西门亭内与北院墙东、西墙均分别辟圆形、长方形洞门，以利进出通畅。庭院内以青石冰裂纹铺地为主，南院墙中依墙立湖石峰。衬以山茶作为主景。两侧院墙散植翠竹数丛，庭院中心部位四处绿地前、后两侧对称种植白皮松、广玉兰，形姿优美，绿意盎然。

堂名兰雪，意为清香高洁，抒情性题咏。唐李白诗《别鲁颂》："独立天地间，清风洒兰雪。夫子还倜傥，攻文继前烈"。言似兰之幽香，如雪之洁白，也寓指园主道德品行之超凡脱俗。

堂平面面阔三开间，面阔约10.5m，进深约6.5m，檐高约3.7m，出檐约0.9m。屋顶为硬山式，纹头脊。柱间原设屏门，现为大幅漆雕画分隔南、北，两次间脊柱柱间设纱槅挂落。堂廊柱正间柱间设长窗，内心仔为冰裂纹，与冰裂纹铺地相谐调。长窗裙板、夹堂各雕有山水、花草图案，较精致。次间柱间设外贴砖细的半墙，上为支摘窗（图7-50、图7-51、图7-52、图7-53、图7-54）。

图7-50　兰雪堂

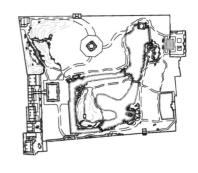

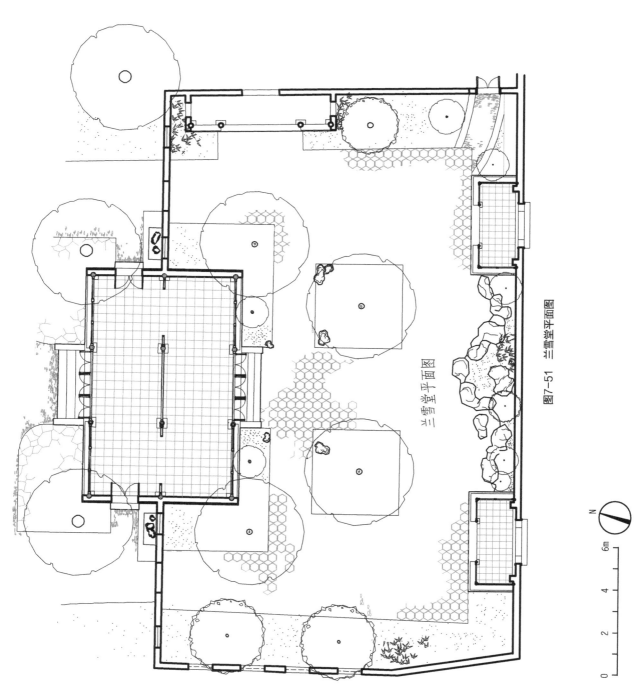

图面示意信号三

图7-51 兰雪堂平面图

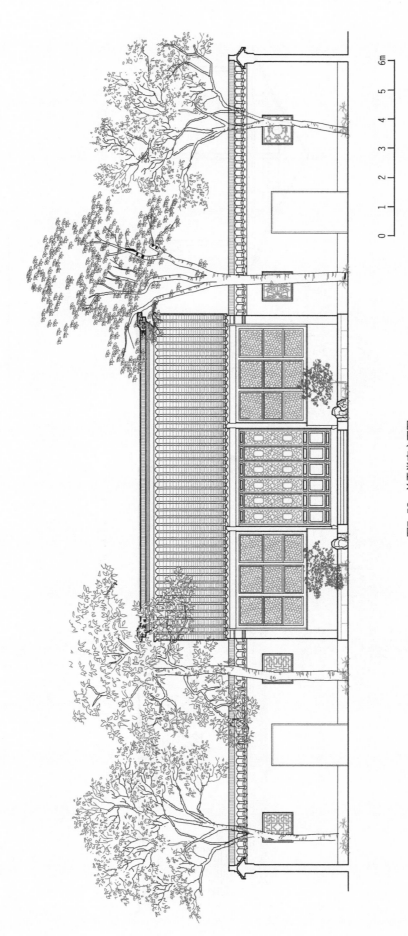

图7-52 兰雪堂南立面图

0 1 2 3 4 5 6m

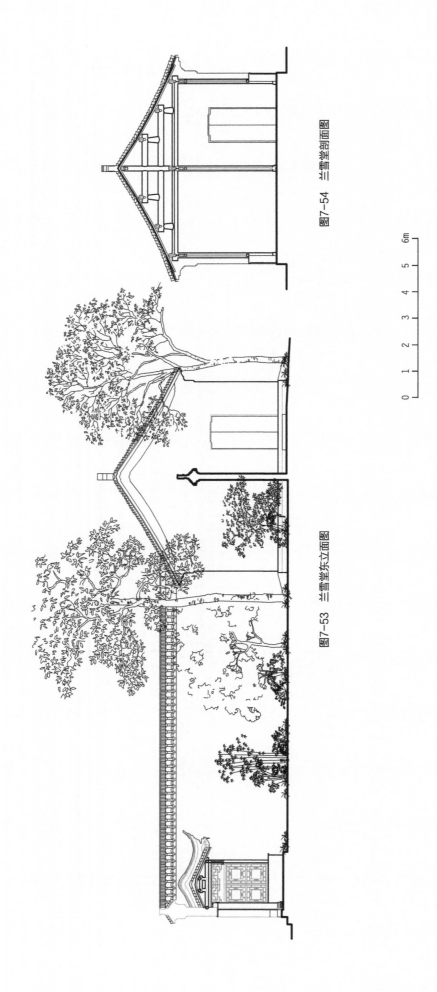

图7-54　兰雪堂剖面图

图7-53　兰雪堂东立面图

6. 玲珑馆

玲珑馆位于中部东南山形曲折、自然的土山南。馆坐东朝西,南为院墙,西为云墙,墙转折延伸至土山上融为一体,围合成平面形式自由,如同小花园的庭院。院内南地势稍高,以湖石挡土,有亭与花木相映,更显自然景色。因种植枇杷树多株,故院名枇杷园。北面云墙辟圆洞门,门额题"晚翠",显示出"树繁碧玉叶,柯叠黄金丸"的独特景象,突出了夏季夕阳晚照时枇杷园苍翠欲滴的美丽景色。

玲珑馆因院内有竹,取苏舜钦《沧浪怀贯之》诗:"秋色入林红黯淡,日光穿竹翠玲珑"句意而命名。

玲珑馆平面为方形,面阔三开间,宽约7m,进深约7m,檐高约2.7m,出檐约0.6m,屋顶为歇山式,屋角起翘为水戗发戗。馆柱网内、外为方形,后步柱正间用纱槅分隔成内廊,并与南、北走廊相连。梁架中为扁作五界回顶,四周均为扁作三界回顶轩,显得精致。正间廊柱柱间为长窗,其余柱间均为半墙半窗,窗内心仔花纹为冰裂纹,与院内冰裂纹铺地花纹相映成景(图7-55、图7-56、图7-57、图7-58)。

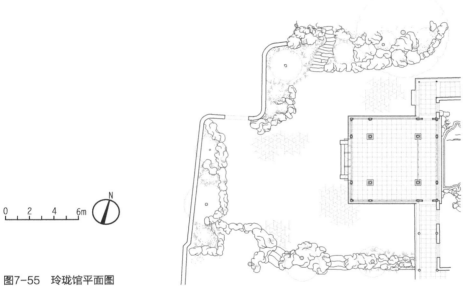
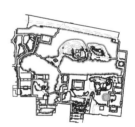

0　2　4　6m　N

图7-55　玲珑馆平面图

图7-56　玲珑馆

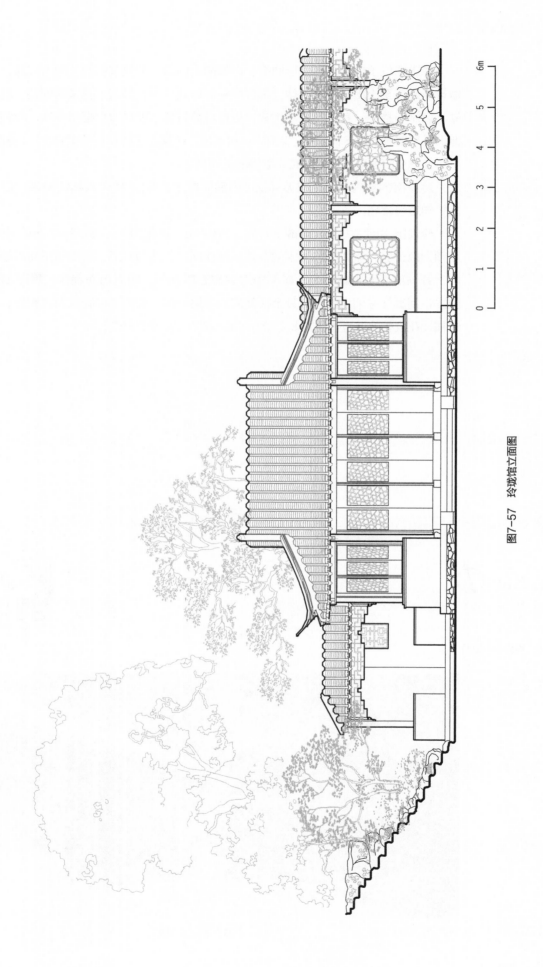

图7-57 玲珑馆立面图

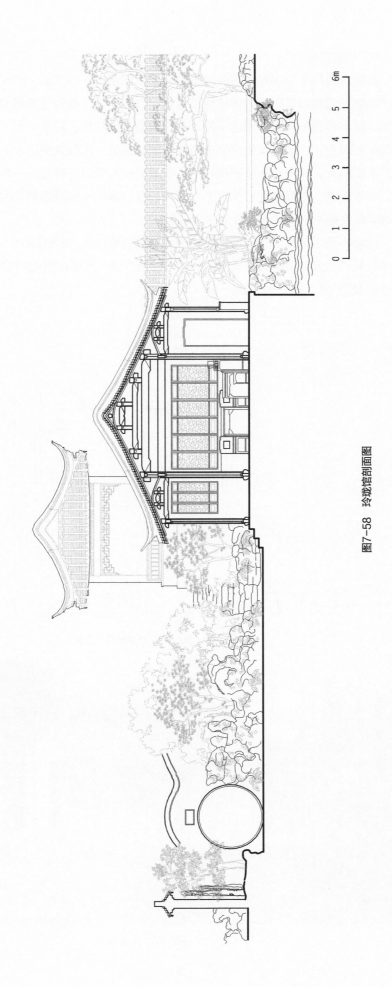

图7-58 玲珑馆剖面图

7. 海棠春坞

海棠春坞位于中部水池东南水湾南，坐北朝南，并与前东、西两侧走廊、南面院墙围合成庭院。海棠春坞因院内种植两株海棠，西邻小山，海棠花开春满坞，而得名。因地形局促，建筑体量不宜大，因此平面不是传统的奇数开间，采用一大一小两开间。海棠春坞庭院平面虽方正，但建筑坐北偏于庭院中轴线东侧，东间宽度较小，邻小院，西间宽度较大，小院稍大。两侧走廊虽檐高相同，但屋顶一为单面坡院墙，一为两面坡屋顶，同中有异，富于变化。主庭院依墙花台上立石峰，翠竹数杆，两株海棠花时妖娆艳丽。在满院芝字海棠花纹铺地的映衬下有春色满园的含义。

海棠春坞平面宽约6m，进深约5.7m，檐高约3.2m，出檐约0.6m，屋顶为硬山式，黄瓜环瓦屋脊。大间步柱间设长窗，小间设半墙半窗，后廊柱间均为半墙半窗（图7-59、图7-60、图7-61、图7-62、图7-63）。

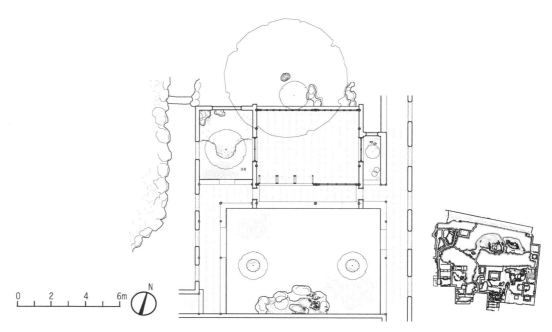

图7-59　海棠春坞平面图

图7-60　海棠春坞

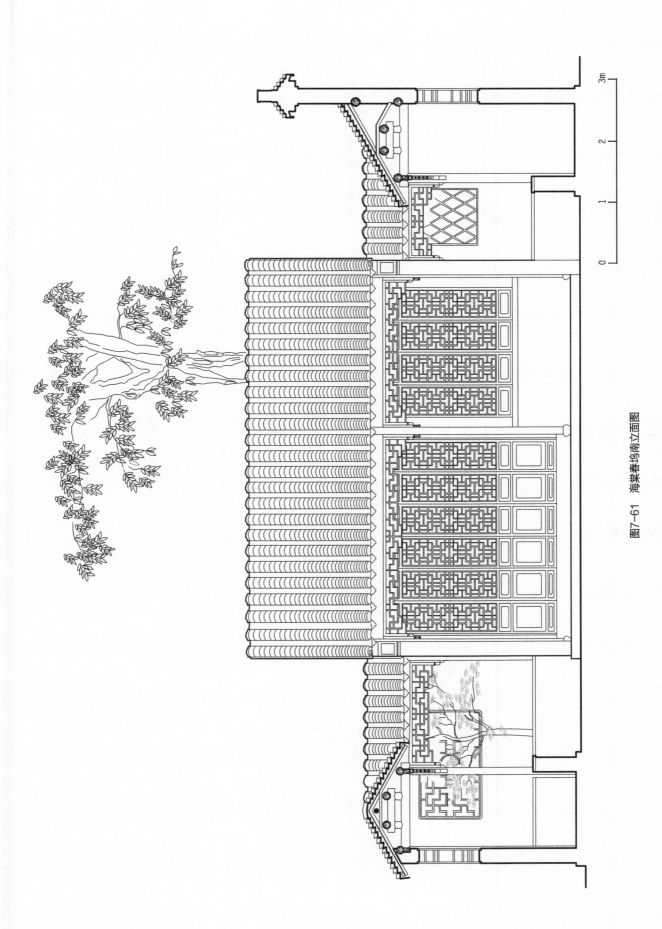

图7-61 海棠春坞南立面图

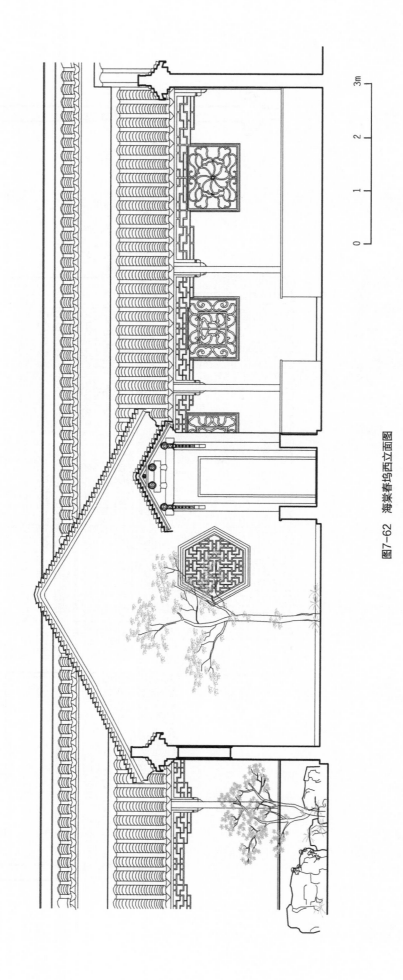

图7-62　海棠春坞西立面图

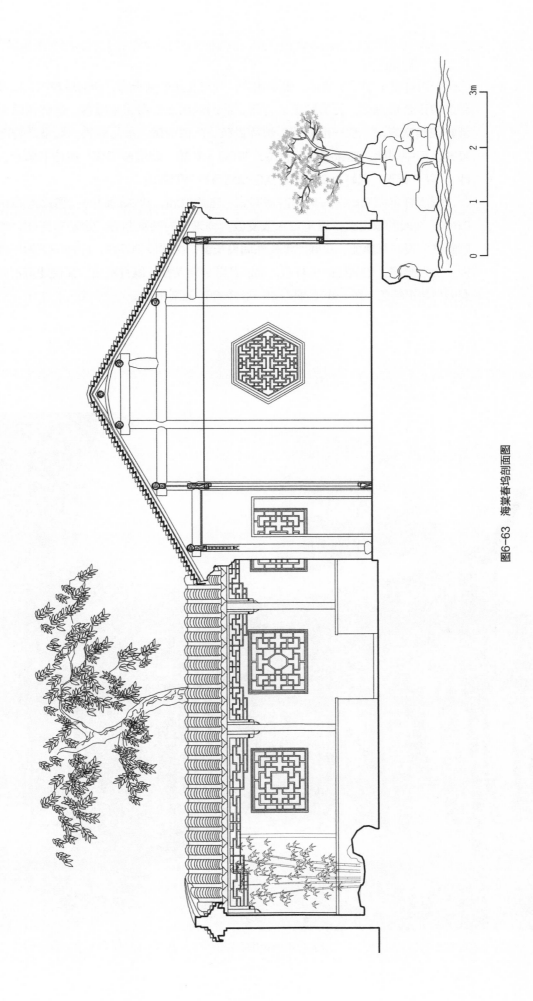

图6-63 海棠春坞剖面图

8. 听雨轩

听雨轩位于中部东南隅，坐南朝北，轩与北面东侧走廊、西侧玲珑馆，以及海棠春坞南院墙围合成庭院。轩庭院虽近方形，但因院西北处有碧池睡莲，池畔两株大树，轩后翠竹芭蕉绿意浓。那一池碧波、数片青荷、几株芭蕉、多丛翠竹，均是借听雨声的最好琴键，雨中居此，趣味横生。有诗："听雨入秋竹，留僧覆旧棋。得诗书落叶，煮茗汲寒池。"以"听雨"名轩，令人更真实感受到自然美的意境。

听雨轩平面面阔三开间，四周回廊，宽约8.8m，进深约6.9m，檐高约3.2m，出檐约0.6m，屋顶为歇山式，屋角为水戗发戗。轩梁架为圆堂四界，边贴有脊柱，廊为川梁。回廊柱间设砖细座槛，正间北步柱柱间设长窗，次间设地坪窗，即柱间下为栏杆，内为木板，上为半窗。边贴柱间虽有墙，但因各辟景窗两樘，既宜观景，又使建筑不显封闭，具有园林建筑特色（图7-64、图7-65、图7-66、图7-67）。

图7-64 听雨轩

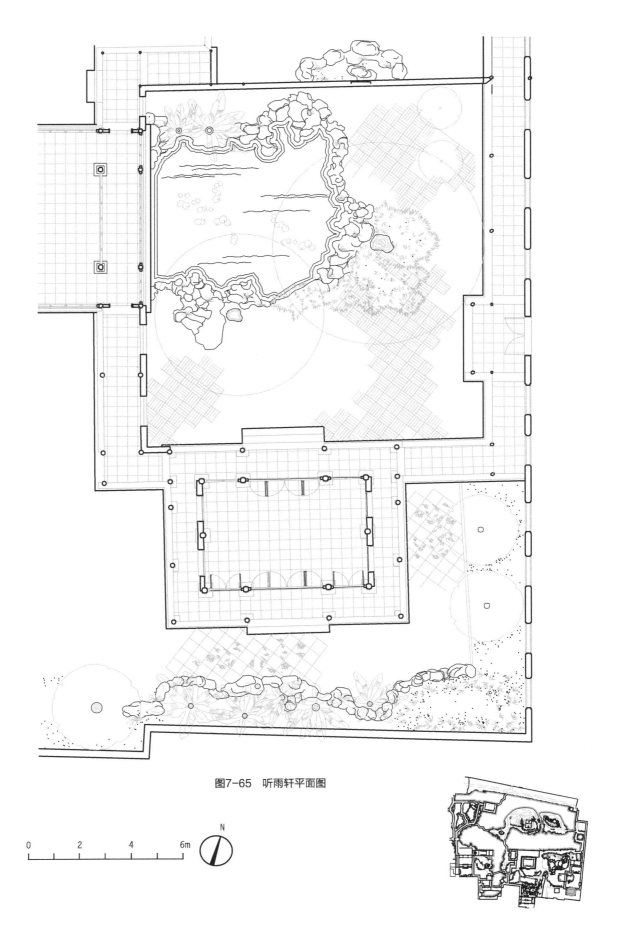

图7-65 听雨轩平面图

0   2   4   6m

N

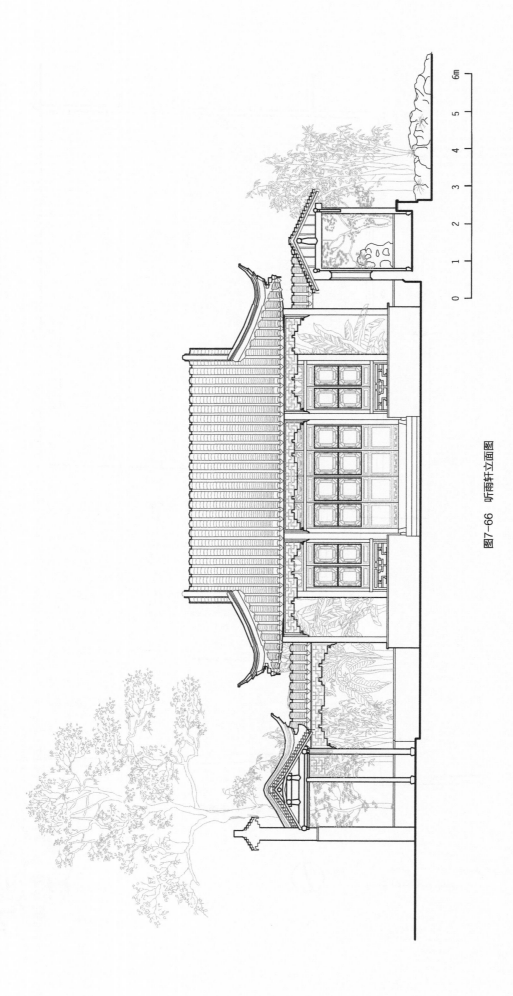

图7-66 听雨轩立面图

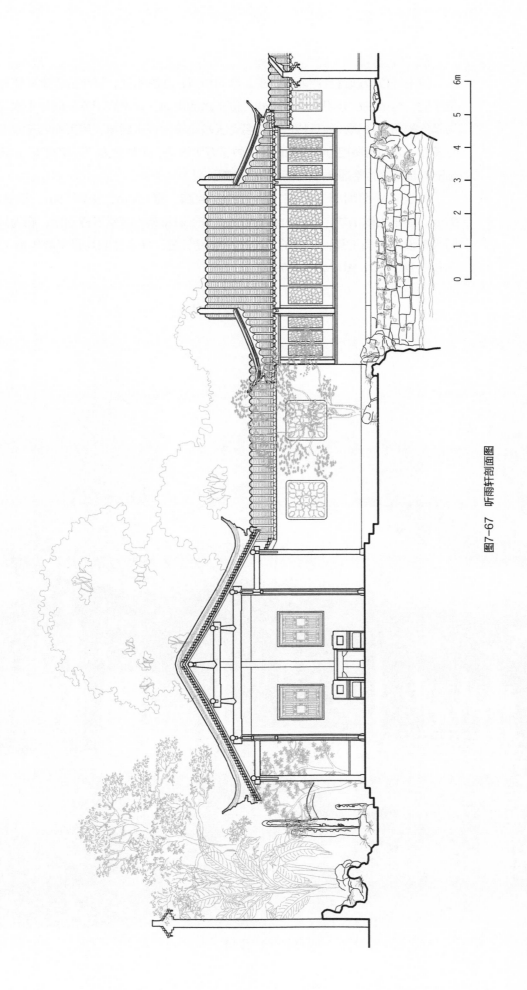

图7-67 听雨轩剖面图

9. 倚玉轩

　　倚玉轩位于远香堂西北侧，东、西向布置，北临水池，轩和远香堂两座建筑大小、方位不同，构成主次分明的组合形式，位于水池南面。这不同于苏州园林中水池一面主建筑为单体的布局形式，独具特色。轩名倚玉是比喻为碧玉题咏，用美丽的玉来形容此地的美竹美石。人们习惯把竹比喻为碧玉，竹子万竿摇动，则称之为"万竿戛玉"。用敲击玉片发出的声音形容竹竿摇动时声音的清脆动听。

　　倚玉轩平面面阔三开间，四周的为回廊。宽10.2m，进深7.5m，檐高3.3m，出檐0.8m，屋顶为歇山式，屋角为嫩戗发戗。倚玉轩梁架为圆堂五界回顶，廊为川梁。回廊柱间大都设座槛吴王靠，正间前后步柱柱间设长窗，其余柱间均设半墙半窗（图7-68、图7-69、图7-70、图7-71、图7-72）。

图7-68　倚玉轩

图7-69 倚玉轩西立面图

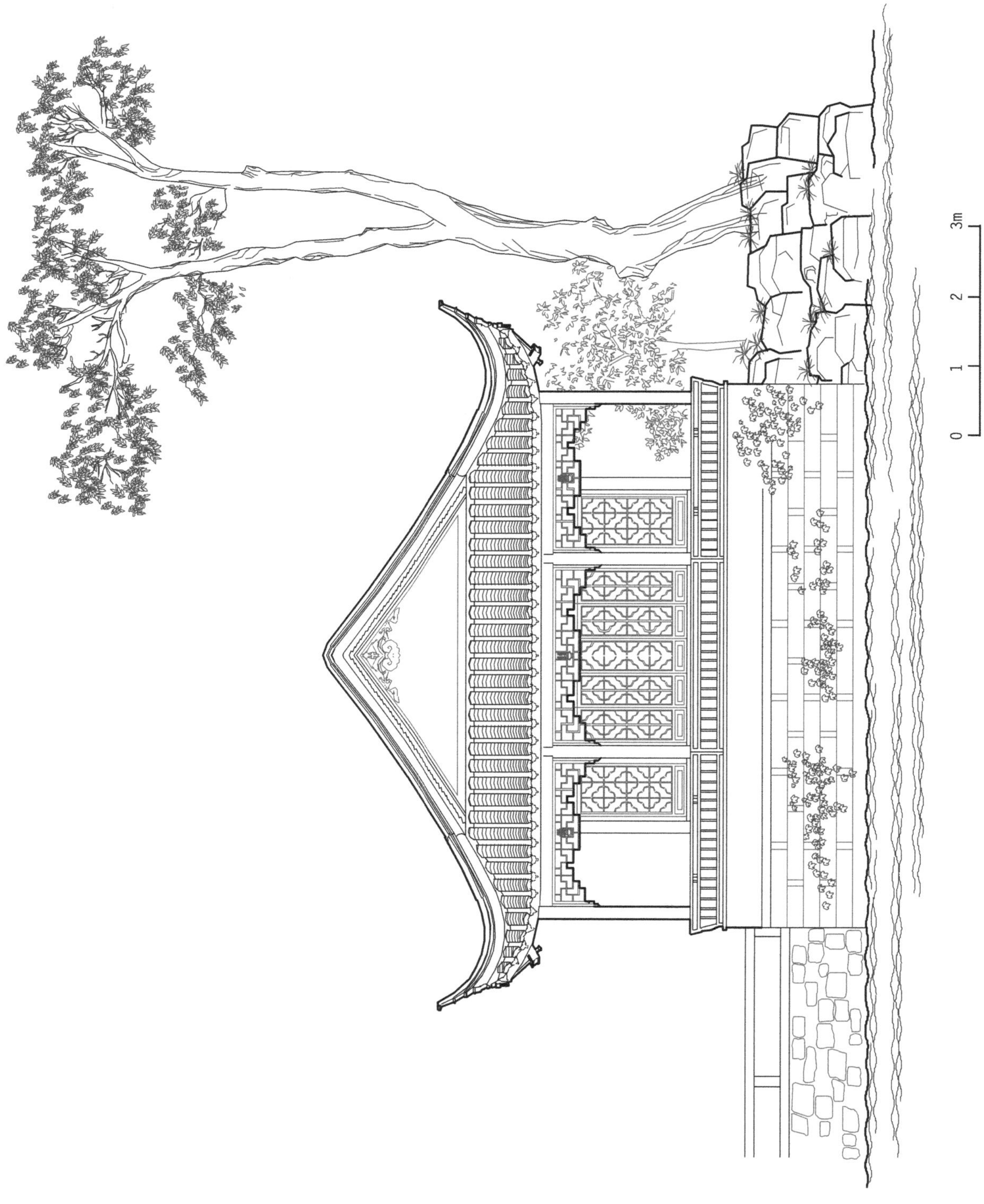

图7-70 倚玉轩北立面图

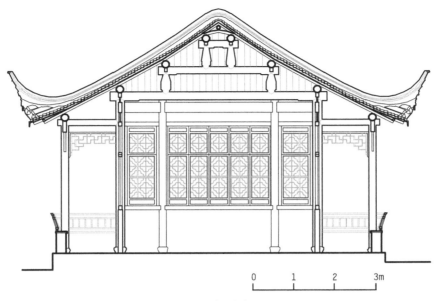

图7-71 倚玉轩剖面图

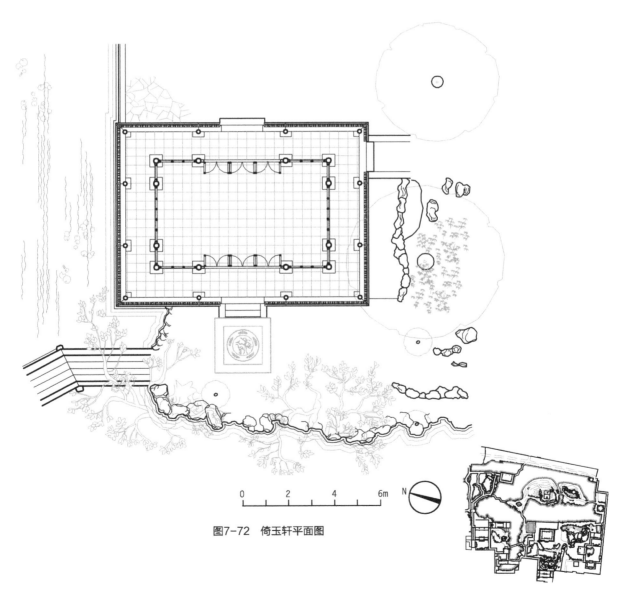

图7-72 倚玉轩平面图

10. 小沧浪

小沧浪位于拙政园中部偏西南，坐南朝北，架于狭长的水池上，两面临水，故袭北宋苏舜钦之亭名，以附风雅。它和北面的亭、廊围合成以水为中心的院落。其前东侧松风亭呈约45°角面向西北，其北小飞虹廊桥呈约30°角转向西北，构成灵活、不对称的平面和空间形态，极具特色。水院空间通过走廊上的漏窗、空窗、开敞的小飞虹，和水院外空间相互渗透，景色交融。自小沧浪透过小飞虹远观荷风四面亭、见山楼，更觉空间层次深远。小院东黄石驳岸上两棵姿态各异的树木，更增添了自然情趣。

小沧浪因水而得名，沧浪原指汉水，《楚辞·渔父》有"沧浪之水清兮，可以濯我缨。沧浪之水浊兮，可以濯我足。"句寓归隐之意。

小沧浪平面面阔三开间，前有廊，宽约9.9m，进深约4.5m，檐高较低，檐高约2.5m，出檐约0.5m，屋顶为硬山式，黄瓜环瓦脊，屋顶坡度较缓，小巧的体量，与水院相谐调。小沧浪梁架内为圆堂三界回顶，廊为川梁。廊柱柱间设栏杆，正间步柱间设长窗，次间步柱间和后廊柱间均为半墙半窗。

11. 志清意远

志清意远东邻小沧浪，呈一字型组合，北为亭、廊围合的小庭院，枫杨、腊梅增添了自然情趣，透过走廊、院墙上的漏窗，隐约可见园内景色。南和小沧浪共临水池，黄石驳岸上翠竹、绿树光影映于粉墙上，分外夺目。

志清意远为写景抒情式题咏，取《义训》："临深使人志清，登高使人意远"之意。描写了人们欣赏这里的自然山水时的一种心理感受，反映了人们的审美心理。

志清意远平面面阔三开间，北有廊，宽约9m，进深约4.5m，檐高约2.5m，出檐约0.5m，屋顶为硬山式，黄瓜环瓦脊，屋顶坡度较平缓，梁架为圆堂三界回顶，廊为川梁。步柱柱间均设长窗。南檐下均为半墙半窗。志清意远建筑形式简练，体量小巧，和前后较小的空间相谐调（图7-73、图7-74、图7-75、图7-76、图7-77）。

图7-73 小沧浪、志清意远

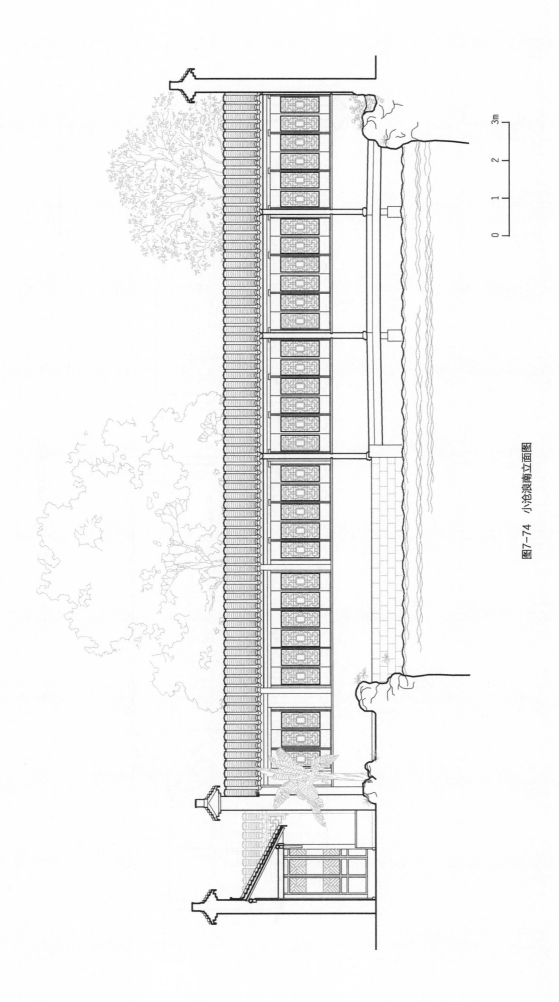

图7-74 小沧浪南立面图

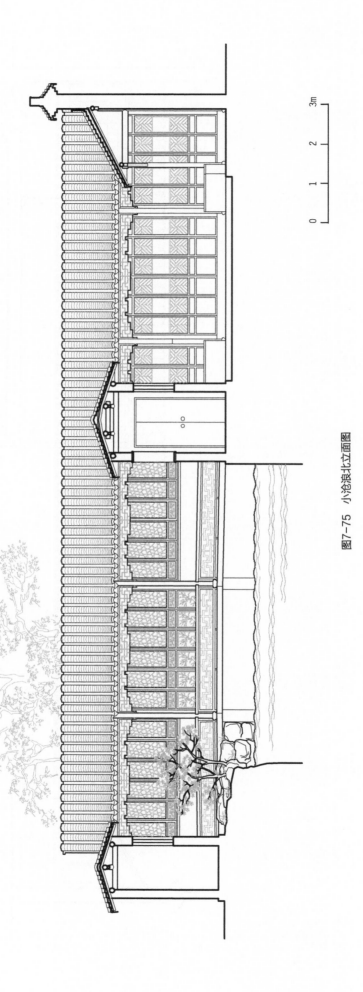

图7-75 小沧浪北立面图

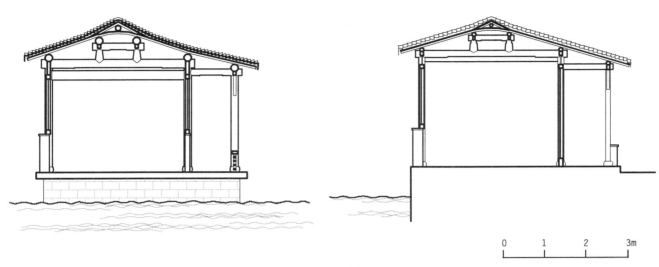

图7-76 小沧浪北剖面图

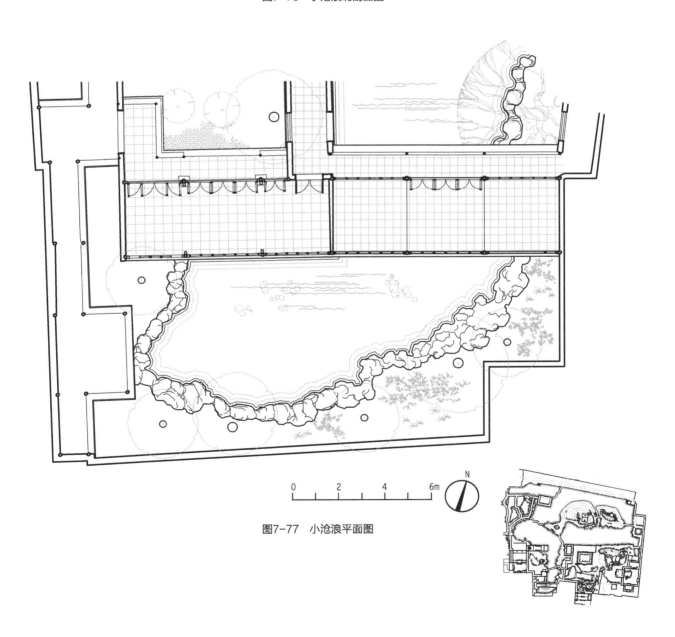

图7-77 小沧浪平面图

12. 留听阁

留听阁位于西部水池西岸，南北朝向，前有平台，两面临池。秋日碧荷初败，倚栏静听秋雨滴打枯荷，淅淅沥沥，别有一种冷清萧瑟的诗情。正如宋陆游《枕上闻急雨》诗云："枕上雨声如许寄，残荷丛竹更催诗"。这里将自然界最富自然意境的声音纳入观赏范围，自有一种天然妙趣，故名留听阁。

阁为平面近方形，面阔三开间，宽约6.5m，进深约7.4m，进深大于面阔，较少见。檐高约3.5m，出檐约0.6m，屋顶为歇山式，屋角为水戗发戗。正间前、后步柱和廊柱不在同一纵轴线上，边贴前、后步柱也不和正间步柱在同一行轴线上，但扩大了中央空间，便于布置家具和活动。梁架中为圆堂五界回顶，四周为川梁茶壶档轩。阁正间前、后廊柱柱间设长窗，其余柱间下为较低半墙，上外为木板，内为万字花纹栏杆，其上承窗，正间步柱前、后与左、右均有用纱槅挂落或飞罩分隔，使室内空间主次分明，其中以南面的黄杨木透雕为精品，雕琢精细，构图匀称，制作圆润。罩以树根型长条花纹曲折有致贯穿，成为主体，衬以松、竹、梅、鹊图案，寓有岁寒三友、喜上眉梢的民俗吉祥含意（图7-78、图7-79、图7-80、图7-81、图7-82）。

图7-78　留听阁

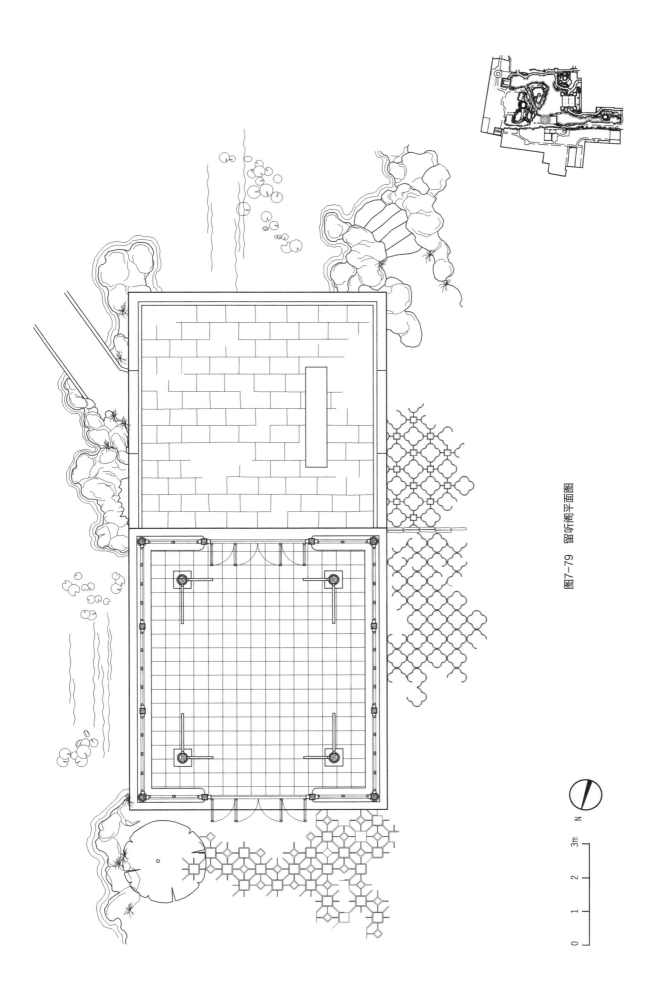

图7-79 留听阁平面图

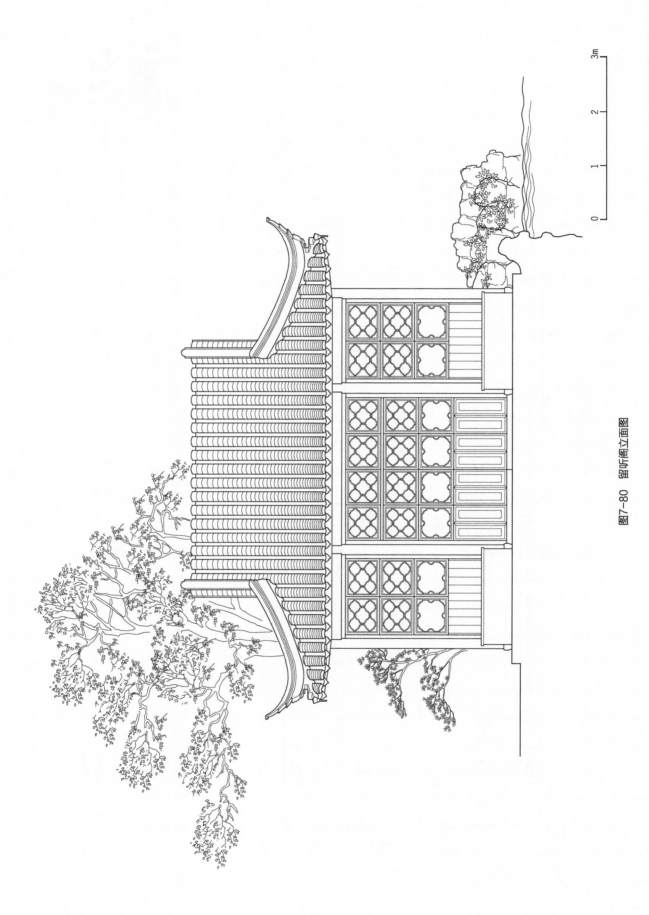

图7-80　留听阁立面图

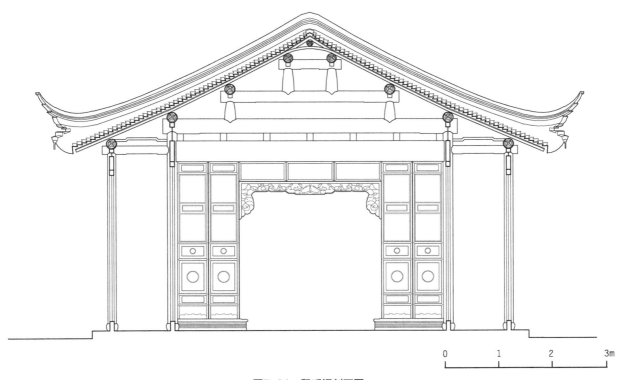

图7-81　留听阁剖面图

0　　1　　2　　3m

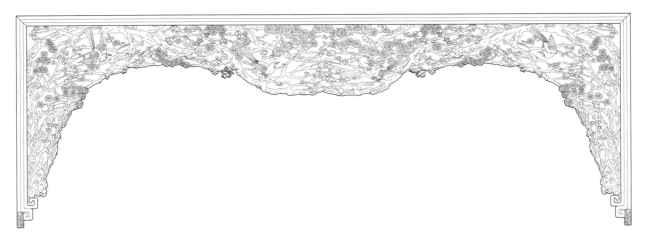

图7-82　留听阁飞罩详图

13. 内门厅（腰门）

进入临东北街北石库门后，有长约80m的夹弄，数处稍有转折，墙角处修竹数杆，石笋玉立，点缀幽深的空间。内门厅位于夹弄北端巷门后的庭院之北，也称腰门。入门后，黄石假山、古树展现眼前，隐约能见园林景色。循廊绕池后，景色豁然开朗，这是我国古代园林常用的"障景"手法，大小空间转换对比，引人入胜。

腰门为将军门形式，脊桁居中分隔为南、北平面与梁架形式相同的两部分。中为两扇门，门额枋上有圆柱形门簪称阀阅，前端雕成葵花形，门簪上置匾额。门扇下为可装卸高约70cm的门槛。门扇两旁有抱鼓石一对，其下部是长方形呈须弥座形式的基座，抱鼓石上部为圆鼓形，雕饰花纹。腰门平面面阔五开间，三明两暗，宽约9.8m，进深约5.9m，檐高约3.5m，出檐约0.6m，屋顶为硬山式、纹头脊。门梁架两边各为圆堂三步川梁，北廊正间柱间设纱槅挂落，次间柱间设半墙半窗（图7-83、图7-84、图7-85）。

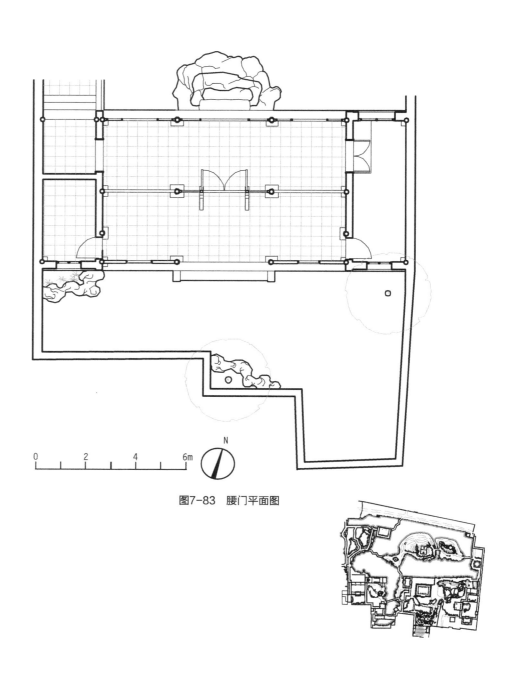

图7-83　腰门平面图

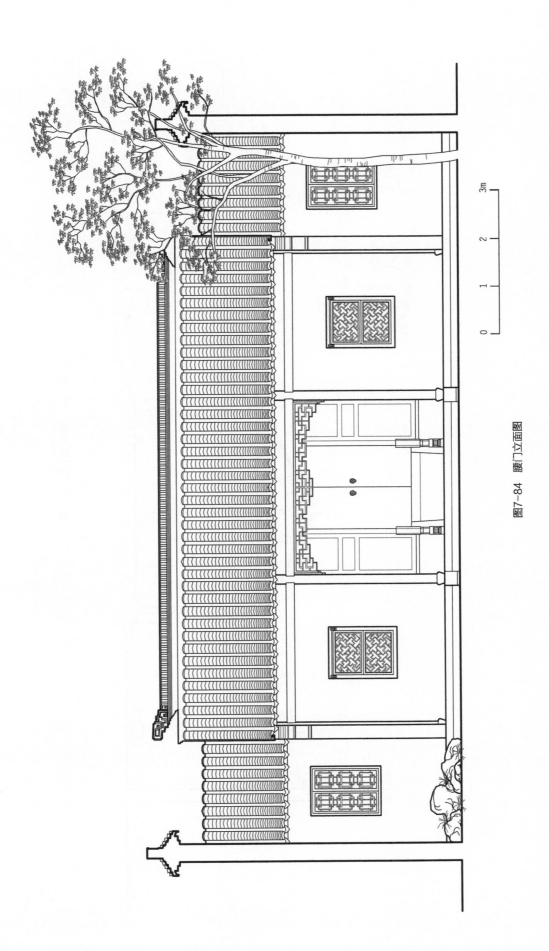

图7-84 腰门立面图

0 1 2 3m

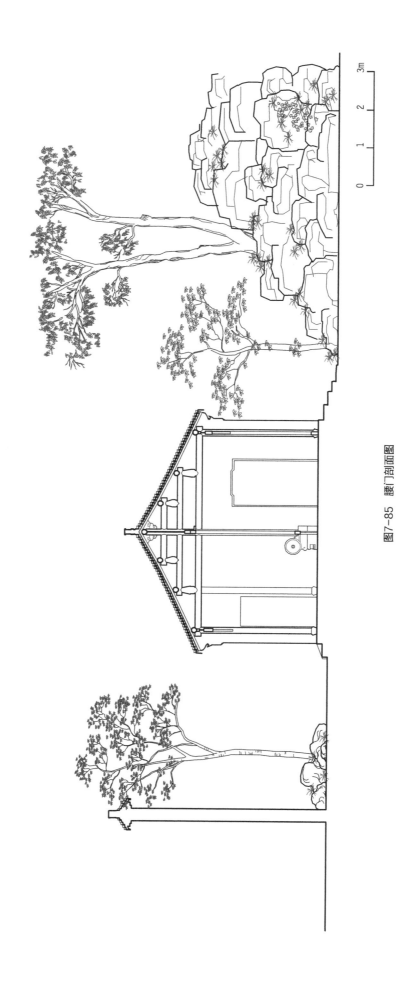

图7-85　腰门剖面图

八
楼阁

楼阁在中国古代建筑中早已出现，东汉出土的汉墓明器、汉画像砖上可以看出楼和其他建筑组合在一起，形成富于生活气息的庭院。唐代崔颢写了《黄鹤楼》，宋代范仲淹写了《岳阳楼记》，唐代王勃写了《滕王阁序》，他们既描述了楼阁所处环境优美的景色，又抒发了自己的情怀，人、诗文、楼阁都名噪中国。

古人云："……仙人好楼居"，其实凡人也喜登高，"更上一层，可穷千里目也"。所以园林中常建楼阁，它高耸的形体成为园林轮廓的突出部分，引人注目。楼和阁大体相似，一般阁重檐四面开窗，造型更显得轻盈。

住宅部分的楼位于大厅后，称楼厅，用于接待女宾，大厅用于接待男宾，大厅后主要用于园主家人日常活动之用。拙政园住宅部分，西路有前、后楼厅，东路后也有楼厅。

苏州园林中的楼阁多位于园林的四周部位，便于欣赏园外景色。如拙政园中部见山楼位于西北隅，此楼体型扁平，贴近水面。拙政园西部倒影楼位于园东北隅，体型较小，和周围环境相谐调。西部浮翠阁位于水池北土山高处，成为西部主景，在苏州园林中较少见。三座楼形式相异，各具特色。

（一）住宅

1. 西路前楼厅

前楼厅位于住宅主轴线——西路第三进，前院因楼两边间前有厢房，无大厅前院落显得开阔，院东、西侧各植腊梅、石榴一株，院墙中为门楼。

前楼厅平面面阔五开间，三明两暗，前有廊，宽约18.9m，进深约10.3m，底层高约3.6m。上层出挑，檐高约2.8m，出檐约0.7m，上层高度与下层高度间的比例，接近《营造法原》中的0.8∶1.0。楼厢房面阔两间，宽5.65m，进深同楼边间宽度，用短廊与楼相通。楼后也有"蟹眼天井"。楼屋顶为硬山式，屋脊为纹头脊。楼底层楼面用承重（梁），上置搁栅，铺木板构成。上层梁架后为圆堂四界，前为三界回顶，上覆草架，前后廊轩均为双步川梁，楼底层正间与次间步柱柱间设长窗，边间步柱柱间设半墙半窗，内心仔分为三格，无花纹，形式简洁。楼上层前廊柱间均设地坪窗，并外装雨挞板，正间次间后廊柱柱间装半墙半窗，边间装六角景窗（图8-1、图8-2、图8-3、图8-4、图8-5）。

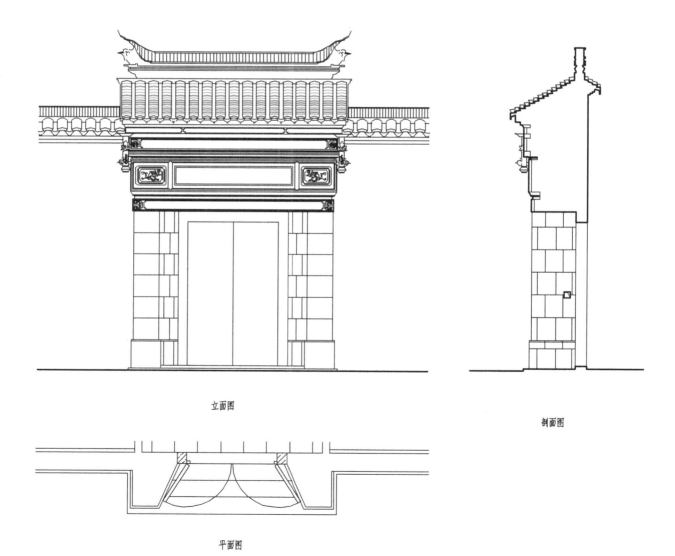

立面图

剖面图

平面图

图8-1 西路前楼厅南院门楼

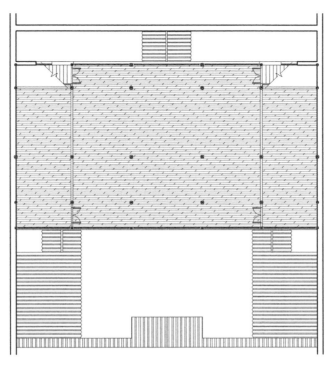

图8-2 西路前楼厅二层平面图

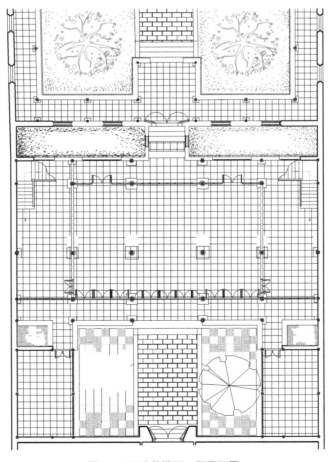

图8-3 西路前楼厅一层平面图

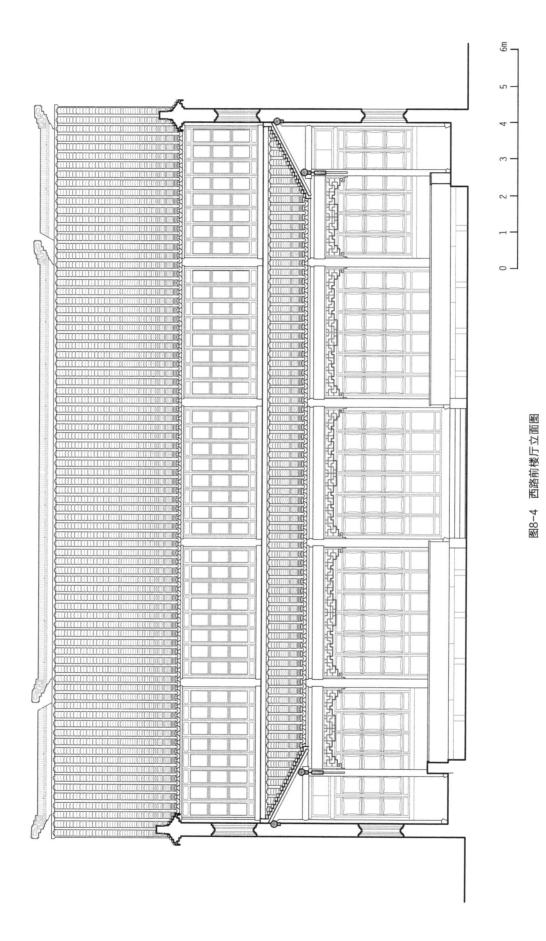

图8-4 西路前楼厅立面图

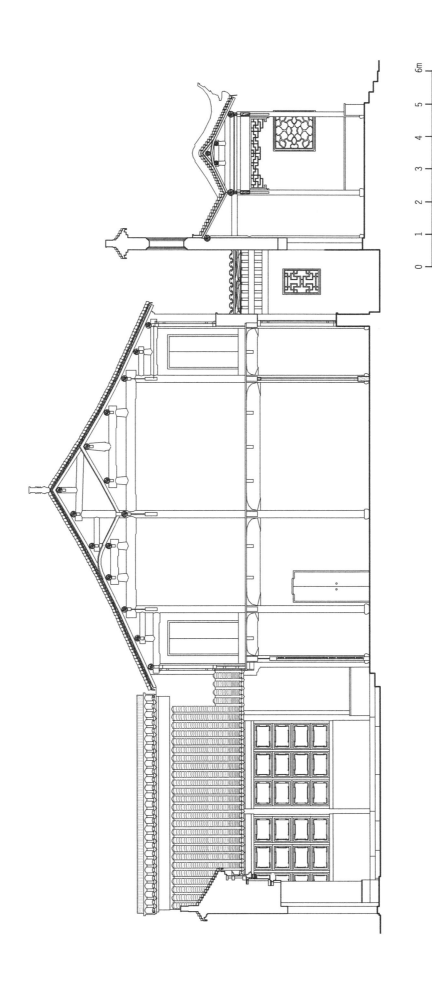

图8-5　西路前楼厅剖面图

2. 西路后楼厅

后楼厅位于住宅主轴线——西路第四进，楼前庭院空间宽敞，不同于苏州传统民居的庭院大都空间较小、闭塞。庭院平面近方形，宽约16.1m，进深约16.9m，东、南、西三面均为依院墙而建的走廊，东、西廊均五间，廊后墙中间辟圆洞门，两侧为漏窗。异于传统住宅庭院的形式。庭院绿地前两侧各植桂花一株，后两侧各植含笑一株，四季常青。楼后两侧有厢房，中为穿堂，经过堂后小院可入枇杷园。

后楼厅平面面阔五开间，三明两暗，宽约19.3m，进深约13.5m，底层檐高约3.8m，出檐约0.6m。上层缩进，为骑楼形式，进深约12.05m，檐高约3.0米，出檐约0.6m，屋顶为硬山式，屋脊为三段式纹头脊。

后楼厅底层楼面承重（梁）仿扁作梁形式，显得精致。上层梁架内为圆堂四界，前廊轩为川梁，其后为双步川梁，内四界后为三步川梁，边间两侧梁架有脊柱。楼底层正间与次间步柱柱间设长窗，边间步柱柱间设半墙半窗，楼后次间廊柱柱间设半墙半窗，窗内心仔同前建筑。底层廊柱柱间设座槛。正间与次间步柱柱间均设屏门，显得庄重，两次间屏门可开闭。楼上层前、后廊柱柱间均设半窗（图8-6、图8-7、图8-8、图8-9、图8-10、图8-11）。

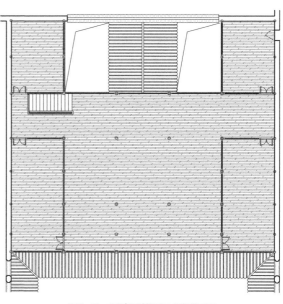

图8-7 西路后楼厅二层平面图

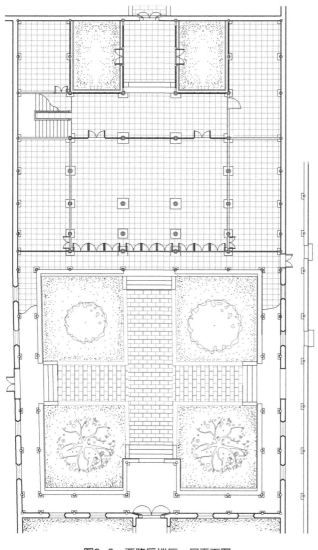

图8-6 西路后楼厅一层平面图

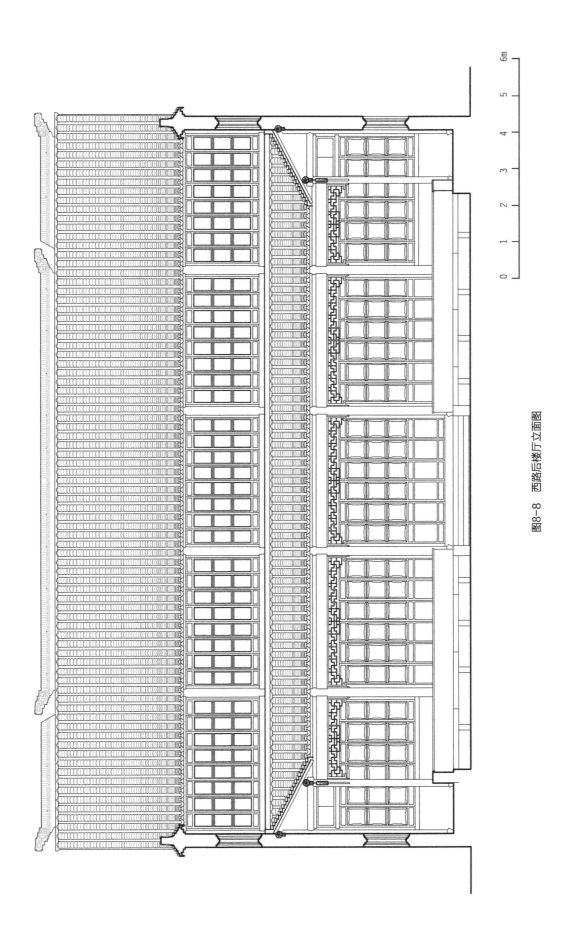

图8-8 西路后楼厅立面图

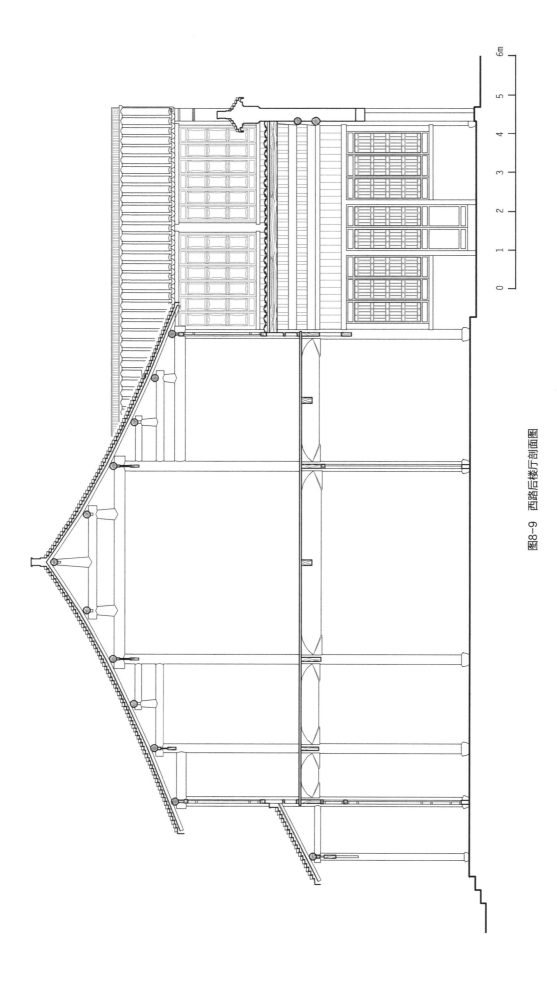

图8-9 西路后楼厅剖面图

图8-10　西路后楼厅

图8-11　西路后楼厅

3. 东路后楼厅

东路后楼厅位于第四进，与其南四面厅同在一条中轴线上，面对宽敞如同花园的庭院。楼北原有建筑，现已改建为庭院和公厕。

后楼厅平面不是传统的奇数开间，为六开间。因楼东设楼梯间，和其西的五开间组成五加一的平面，正间、次间、边间的宽度相等，不拘于形制。楼平面宽约18.6m，底层进深约8m，楼上层前缩进，楼为"副檐"形式，进深约5.6m。楼底层高约4.2m，上层檐高约3m，出檐约0.6m。楼屋顶为硬山式，屋脊为黄瓜环瓦形式。楼底层楼面承重（梁）两端为扁作梁形式，显得精致。廊梁架为川梁，上层梁架为圆堂五界回顶。底层次间边间廊柱柱间设座槛，正间次间步柱柱间设长窗，边间设半窗，楼上层为支摘窗。楼上、下层的后墙和两侧墙均未设窗（图8-12、图8-13、图8-14、图8-15）。

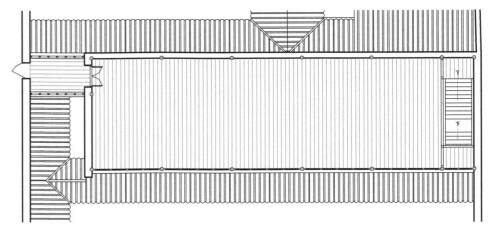

图8-12　东路后楼厅二层平面图

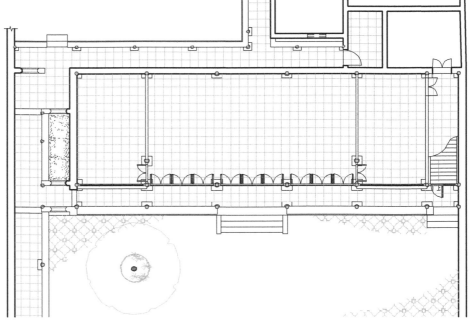

图8-13　东路后楼厅一层平面图

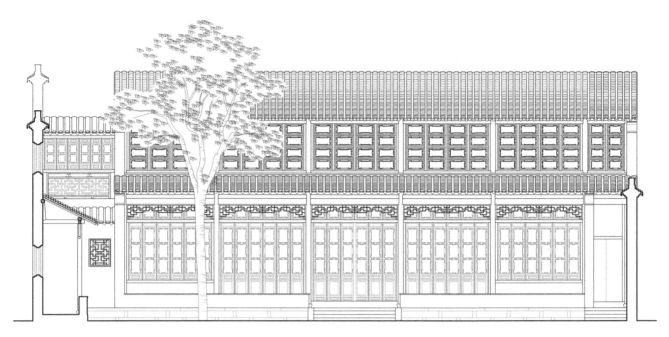

图8-14 东路后楼厅立面图

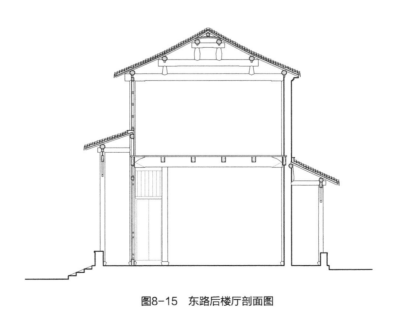

图8-15 东路后楼厅剖面图

0   1   2   3   4   5   6m

（二）园林

1. 见山楼

见山楼位于拙政园中部西北隅，坐北朝南，四面环水，但西边水面狭窄，楼东北有五曲桥和岸相连，楼西可从与爬山廊相连的三间楼廊分别进入上、下层。楼位于园周边，可俯瞰远观，并宜突出中心山水景观。额因取意于陶渊明《饮酒诗》："采菊东篱下，悠然见南山"诗句，又透露出洒然自适的闲逸诗意。

见山楼底层平面面阔五开间，宽约12.2m，进深约8.8m，檐高约2.6m，出檐约0.7m，东、南、西三面廊为圆堂三界回顶船篷轩。楼上层四周缩进，平面面阔三开间，宽约9m，进深约5.6m，檐高约2.8m，出檐约0.7m，屋顶为歇山式，屋角为水戗发戗，与底层构成重檐形式，显得轻盈。底层楼面用承重（梁），上置搁栅，铺木板构成。楼上层梁架为圆堂五界回顶。底层走廊柱间大多为座槛吴王靠，前步柱正间与次间均设长窗，北面廊柱柱间均为半墙半窗，东墙辟圆洞门，大片墙面有利于陈设、字画布置。楼上层四周柱间均设支摘窗，心仔后为透光的明瓦，保持传统的材料与形式（图8-16、图8-17、图8-18、图8-19、图8-20、图8-21、图8-22、图8-23）。

图8-16　见山楼

图8-17　见山楼一角

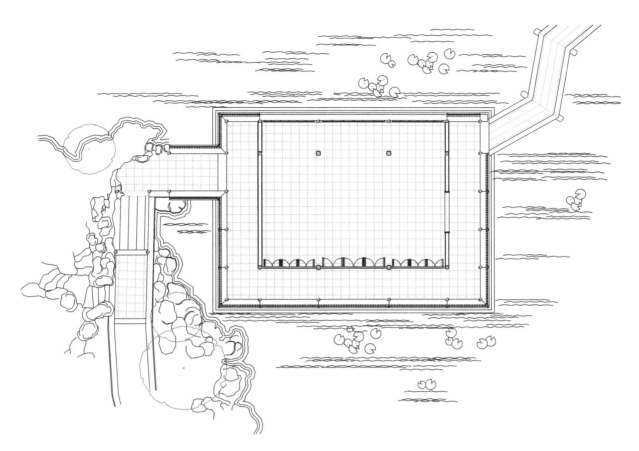

图8-18　见山楼一层平面图

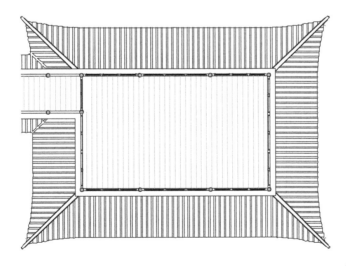

图8-19　见山楼二层平面图

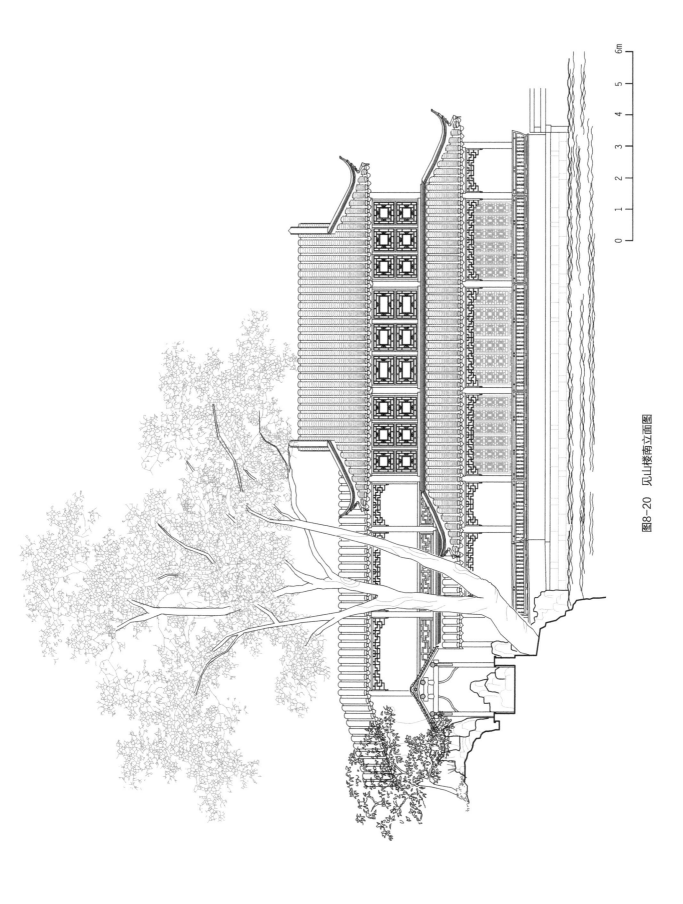

图8-20 见山楼南立面图

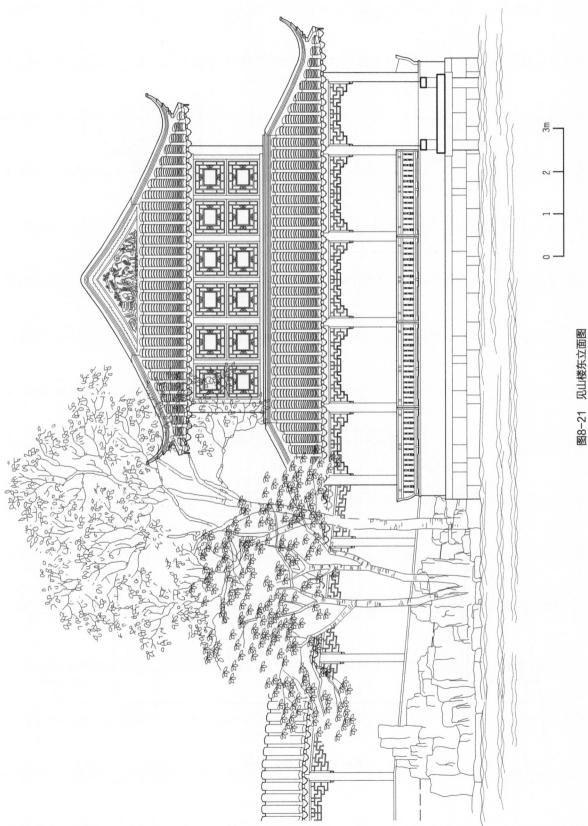

图8-21　见山楼东立面图

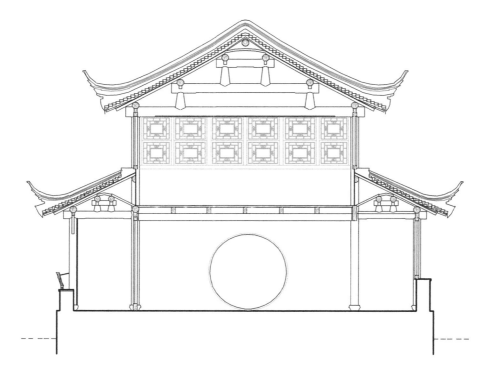

图8-22 见山楼横剖面图

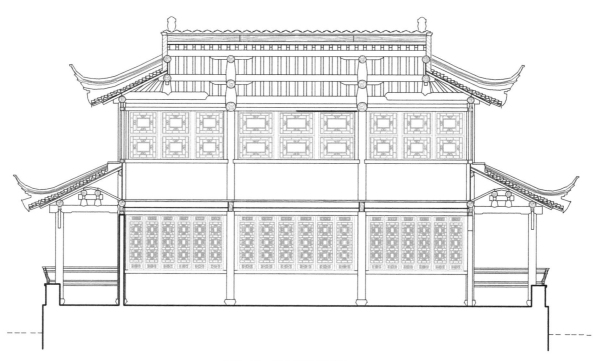

图8-23 见山楼纵剖面图

2. 倒影楼

倒影楼位于西部水池北，坐北面南，临水而建，东连曲折起伏的波形廊，楼前两侧各有形姿幽美的树衬映。隔池与宜两亭相对。唐高骈《山亭夏日》："绿树阴浓夏日长，楼台倒影入池塘。"从湖光水色中借倒影，别有意味。此楼面临澄澄池水，可见周围倒影簇簇。波浮影动，正符额意，是西部景色最佳处。

楼平面近方形，面阔三开间，宽约7m，进深约7.4m，檐高约5.1m，出檐约0.7m，屋顶为歇山式，屋角为水戗发戗。倒影楼楼面承重（梁）形式为扁作梁，前为扁作一枝香鹤胫轩。上层梁架内为圆堂五界回顶，前、后为双步川梁。

楼底层南廊柱间均内为栏杆外为长窗，宜于倚栏赏景，北廊柱正间设长窗，次间设墙，辟漏窗。两次间外侧前、后步柱正间开敞，前、后廊柱与步柱间墙上辟漏窗，东、西立面虚实对比的形式，较有特色。正间后步柱间设屏门，上刻有郑板桥无根竹图与题字。屏门与两侧墙围合而成向南开敞的主空间，楼上层四面柱间内均设栏杆，外设长窗，宜于观赏四周景色（图8-24、图8-25、图8-26、图8-27、图8-28）。

图8-24　倒影楼

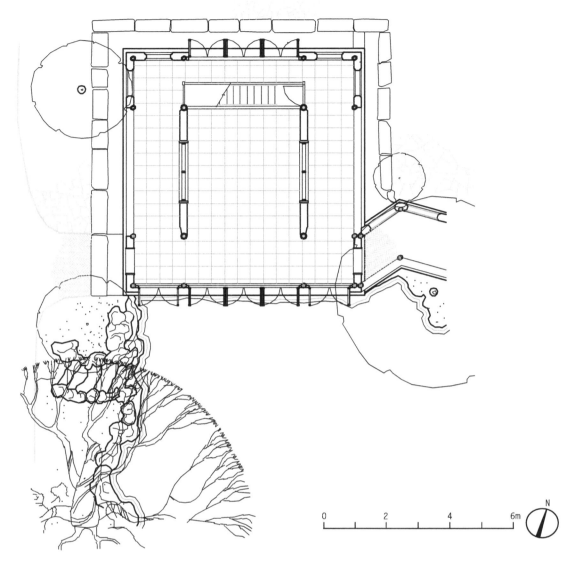

图8-25 倒影楼一层平面图

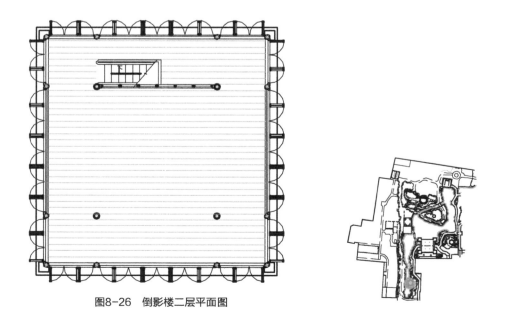

图8-26 倒影楼二层平面图

图8-27 倒影楼立面图

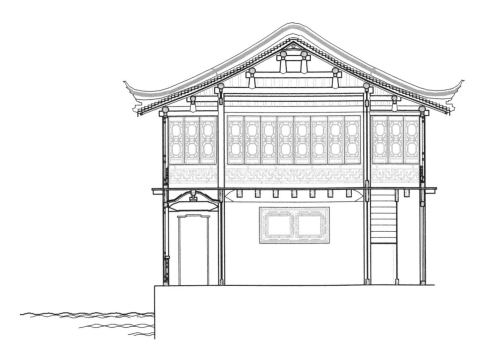

图8-28 倒影楼剖面图

3. 浮翠阁

浮翠阁位于西部水池北土山高处，坐北朝南，与卅六鸳鸯馆隔池相对，构成西部主景，土山遍植林木，自下仰望，阁仿佛浮于葱翠的树丛之上，故取名浮翠。阁建于有石栏杆围合的平台上，平面同为八角形。阁各边宽约2.6m，底层高约3.9m，约出檐0.7m，上层檐高约2.5m，出檐约0.5m。底层梁出挑，上搁梓桁铺椽瓦，构成屋面。梁下有花篮吊柱、琵琶撑，显得轻巧、精致。阁屋顶为攒尖顶，屋角为水戗发戗。阁梁架为柱上置梁形成井字形，并在中间梁上各搁童柱。构成八角形圈梁，用斜梁支撑灯心木。楼底层在后部用屏门分隔为楼梯间，南向与两侧柱间设长窗，其余柱间均为墙，墙上辟长八角形景窗。上层柱间设长窗，内置栏杆防护（图8-29、图8-30、图8-31、图8-32、图8-33）。

图8-29 浮翠阁

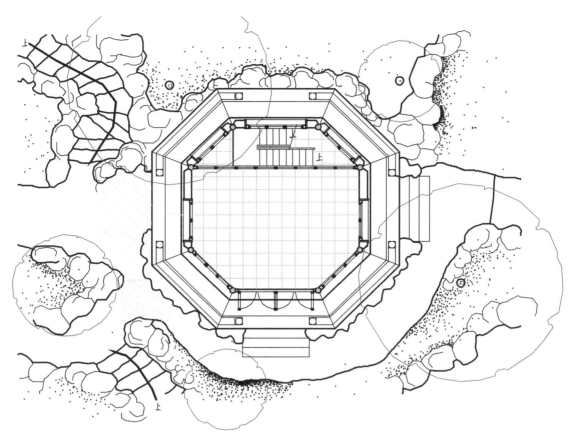

图8-30 浮翠阁一层平面图

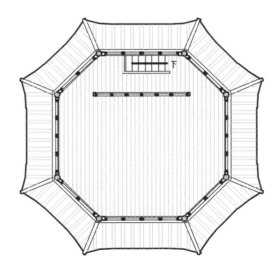

图8-31 浮翠阁二层平面图

图8-32　浮翠阁立面图

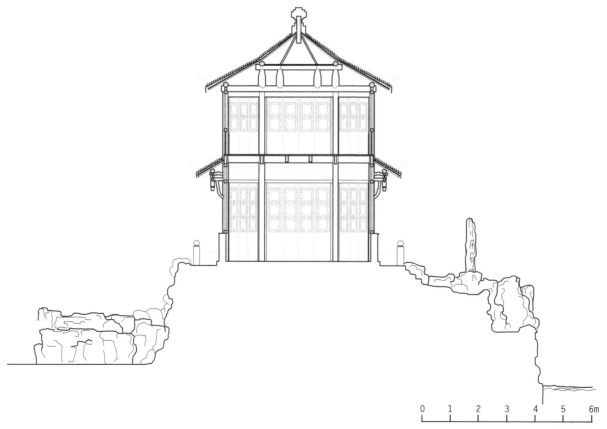

图8-33　浮翠阁剖面图

九
榭与舫

《园冶》说："榭者，藉也，藉景而成也。或水边，或花畔，制也随态。"苏州园林中的榭也确实如此，它根据不同的景色环境，布置在相宜之处。榭大多是前部建在水中，用石柱承重。后部建在岸上，水面延伸至建筑下面，水面有不尽之意，榭的体量都较小，多前后开敞，建筑更显轻盈。拙政园东部芙蓉榭虽是20世纪50年代新建，却称得上是榭的佳例。

舫又称旱船，是建造在水边的模仿古代画舫的一种船形建筑。它将三种不同类型的建筑组合而成，显示了建筑组合艺术之美。园主建舫，意在身居园中，却能感受到泛舟江湖的遐想和乐趣。苏州园林中的舫都面朝东，意为朝向中国人心目中的东方仙境驶去，反映了一种传统的观念。舫由平台和船舱构成，船舱分前、中、后三段，前舱较高，中舱较低，尾舱多为二层，便于登高眺望。拙政园香洲和怡园画舫斋都是造型较好、装修精致的舫，其中尤以香洲为最。

水池较小的园林，舫的体形不宜大，因须和水面、环境相谐调。退思园闹红一舸舫有平台、前舱、中舱，但无后舱，中舱与走廊相连，舫体长仅约8m，形式小巧、别致。某小园的水池更小，舫仿闹红一舸，舫体长仅约5m，不拘于形制，灵活变化，注重与环境的谐调。

1. 芙蓉榭

芙蓉榭位于东部狭长形水池东端，坐东朝西，前部凌水，以石梁柱支撑，显得轻巧，榭后林木高大茂密。由榭西望，曲桥分隔水池，水池两岸树木相对，景色深远。夏日池中荷花绽放，为赏荷佳处。荷花，又名"芙蓉"，故为榭名。

榭平面近方形，有回廊，面阔三间，宽约6.4m，进深约5.7m，檐高约3.3m，出檐约0.8m。屋顶为歇山顶，屋角为嫩戗发戗。回廊柱间设座槛吴王靠，榭正间前、后步柱间各设圆形落地罩和方形落地罩，使轻盈通透的水榭又添一份精致，寓以"天圆地方"之意（图9-1、图9-2、图9-3、图9-4）。

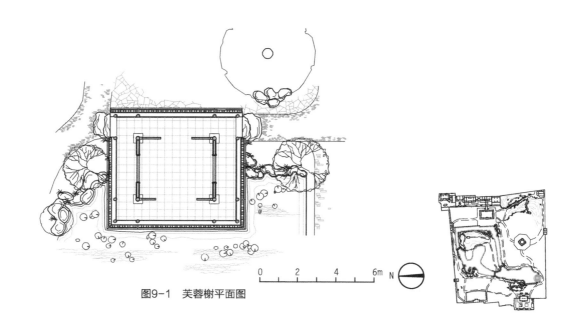

0   2   4   6m   N

图9-1 芙蓉榭平面图

图9-2 芙蓉榭

图9-3 芙蓉榭立面图

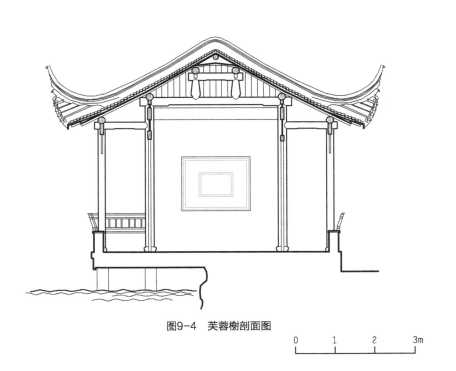

图9-4 芙蓉榭剖面图

2. 香洲

香洲位于中部西水池转折岸边，南有黄石假山、树丛、环境幽静。舫名香洲，屈原有"善鸟香草以配忠贞"，把善提升到了鲜明强烈色彩缤纷的美的境界，这是将池中的千叶莲花比作香草。

舫体由四个部分构成，舫体约长20m，宽约5m，石质平台为船首，平台三面开敞，围以石栏杆，平台后为前舱，宽约3.6m，进深约2.8m，檐高约4m，出檐约0.7m，屋顶为歇山式，屋角为嫩戗发戗。梁架为圆堂三界回顶，因亭柱较高，柱距较宽，将柱间上、下枋之间夹堂板增高，并在东向柱间设两花篮柱、挂落，雕饰精美，增强细部处理，增添了美感。中舱和前舱以纱槅八角形落地罩分隔，中舱是主要休息场所，宽约5.4m，进深约3.6m，檐高约2.4m，梁架为扁作五界回顶，屋顶为硬山式。轩两侧设支摘窗，窗外船舷虽空间狭长，用座槛吴王靠将中舱与前舱连为一体。后舱为楼，楼宽约8m，进深约5m，檐高约6.4m，出檐约0.7m，因后有楼梯，楼体量较大，如在此上建屋顶，将显得突兀。因此只在楼的主体上建歇山屋顶，梁架为圆堂四界，楼梯间为下延的一面坡屋顶，使楼的歇山顶较为轻巧，并和亭、榭的屋顶组合显得整体的比例尺度协调，处理大胆、巧妙。楼的墙面以"实"为主，突出船舫整体虚实对比效果。香洲舫体组合高低错落有致、轻盈、灵活、精美，被誉为中国最美的园林建筑（图9-5、图9-6、图9-7、图9-8、图9-9、图9-10）。

图9-5 香洲

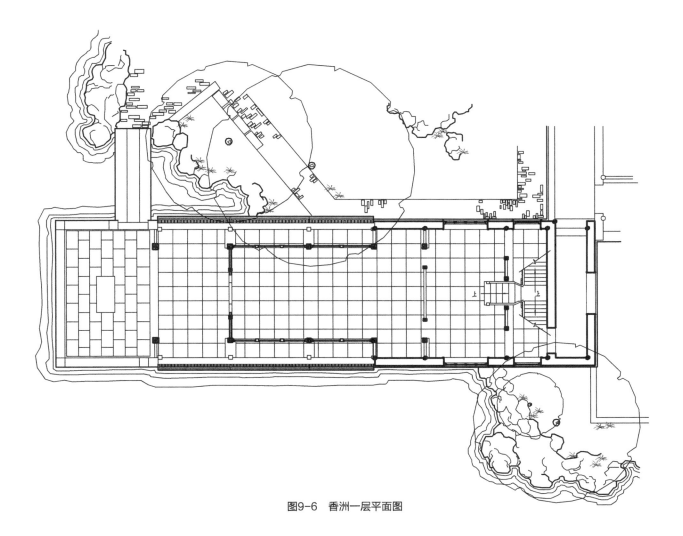

图9-6 香洲一层平面图

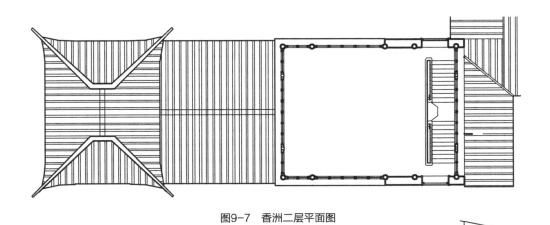

图9-7 香洲二层平面图

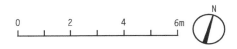

0　　2　　4　　6m

N

图9-8　香洲北立面图

图9-9　香洲东立面图

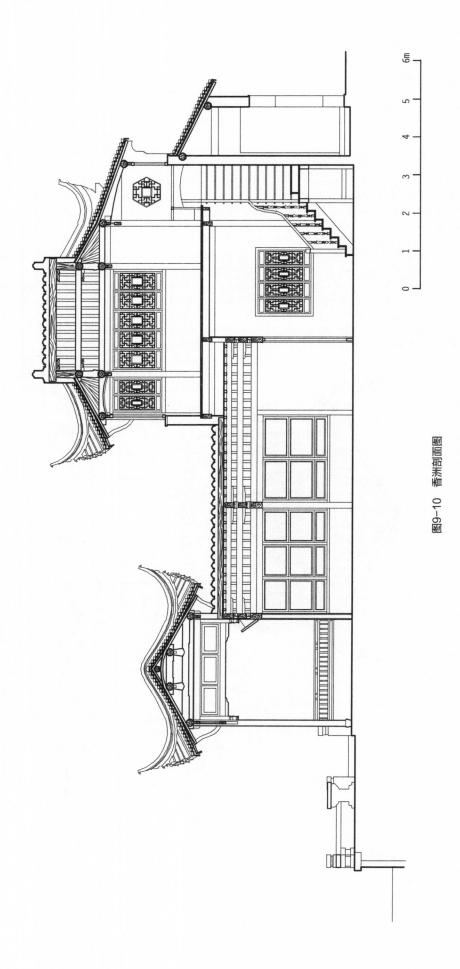

图9-10 香洲剖面图

十亭

《园冶》中有："亭者，停也。人所停集也。"

位于园林中主要空间的山上的亭，其位置最醒目，多隔水和主要厅堂互为对景，形成苏州园林布局的一个主要特征。亭的体量大都较小，注重和山体的谐调，拙政园中部土山上的雪香云蔚亭隔池和远香堂相对。

"水际安亭"，这是园林中构成风景的要素。拙政园中部、西部、东部都有这样的景色。亭位于水中，则丰富了池面景观，如拙政园西部塔影亭。

建于路旁、林中的亭根据周围环境特色而命名。如三面是水的拙政园中部荷风四面亭，一面临水的绿漪亭、梧竹幽居亭等。

亭有半亭和独立亭之分，半亭常和走廊连接，依墙而建，有的为门洞所在处，如拙政园中部的东半亭（倚虹亭）。

亭的平面常见的有方形、长方形、六角形、八角形等形式，拙政园都有上述形式的亭，还有较少见的圆形和扇形平面的亭，拙政园园林部分共有亭（包括半亭）20余座，其形式和数量之多为苏州园林之冠。

1. 雪香云蔚亭

雪香云蔚亭位于拙政园中部土山高处，亭前有平台，是俯视园内景色最佳处，亭与池南远香堂互为对景，并与山、水构成中部主要景观。因亭体量较小，四周开敞，周边枫、柳、松、竹，交辉掩映。禽鸟飞鸣，溪涧盘行，散发着山野气息，故匾额题"山花野鸟之间"。亭旁植梅，"雪香"指白梅，色白而香；"云蔚"，《水经注》有"交柯云蔚"句，指山间树木茂密，故亭名雪香云蔚。

亭平面面阔三开间，正间开敞，宜于赏景，宽约5.2m，进深约3.2m，檐高约2.5m，出檐约0.7m，屋顶歇山式，屋角为水戗发戗，梁架为圆堂四界，柱间多为座槛吴王靠，亭四角边柱为石质，显得质朴，与环境相谐调（图10-1、图10-2、图10-3、图10-4）。

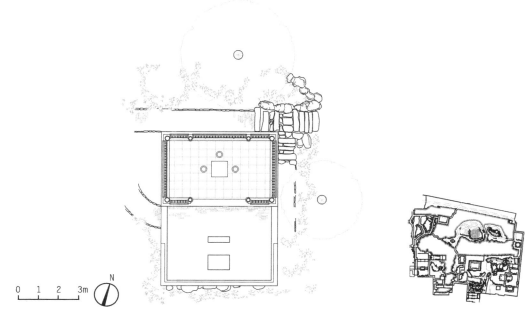

图10-1 雪香云蔚亭平面图

图10-2 雪香云蔚亭

图10-3 雪香云蔚亭立面图

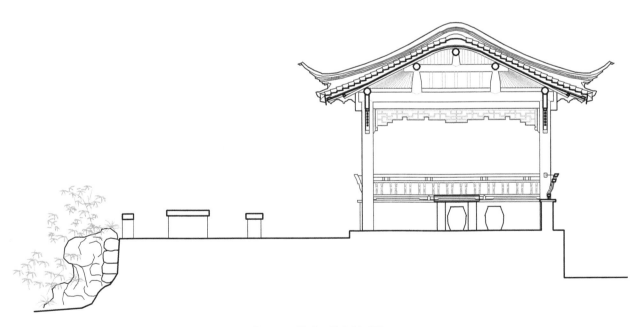

图10-4 雪香云蔚亭剖面图

0 1 2 3m

2. 待霜亭

待霜亭位于中部东土山上，四周池水回环，林木茂野，野趣盎然。亭位于雪香云蔚亭东，距离较远，因此雪香云蔚亭仍是中部山池北主景，洞庭山产橘，待霜始降红。此地原植柑橘数株。王右军《奉桔》亦云："霜未降，未可多得"。以"待霜"名亭，含蓄而发人遐思。本意点出橘红时的佳境，霜降橘始红，所以必须"待"之。

亭平面六角形，各边长约1.6m，檐高约2.4m，出檐约0.7m，屋顶为攒尖式，屋角为嫩戗发戗。梁架是搭角梁上搁梁，其上承灯芯木（图10-5、图10-6、图10-7、图10-8）。

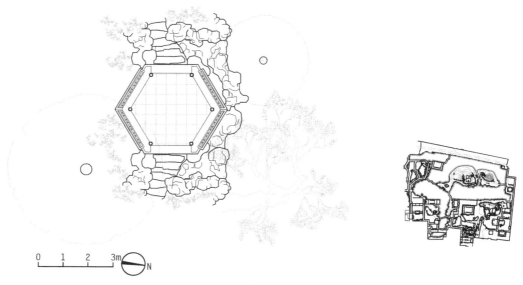

图10-5　待霜亭平面图

图10-6　待霜亭

图10-7 待霜亭立面图

图10-8 待霜亭剖面图

0　　　1　　　2　　　3m

3. 梧竹幽居亭

梧竹幽居亭位于拙政园中部水池东岸，亭和水池西别有洞天亭隔桥相望，互为"对景"，也是欣赏"借景"——位于市中心北寺塔的佳处！

亭北植有慈孝竹、梧桐、枫树，取意唐羊士谔《永宁小园即事》诗句语，云："萧条梧竹月，秋物映园庐"。竹、梧向为人们所喜爱。梧桐广叶青阴，繁花素色，家有梧桐树，何愁凤不至，梧桐被看作是韵雅圣洁之树。竹向有刚柔忠义之称，居必有竹，以陶情励志，爽清气息。面对梧、竹，令人清爽恬静。

亭的形式有特色，平面为正方形，四周有回廊，内四周墙上各辟圆洞门，自内环视外，南、西、北三圆门内景色如画，各以山、水、建筑为主景。正如亭内对联："爽借清风明借月，动观流水静观山。"此联写景抒情兼容哲理，上联用清风明月借指大自然的无限美景，并揭示了自然景物对人精神的陶冶作用。下联实际脱化于《论语·雍也》篇孔子的一席话："知者乐水，仁者乐山。知者动，仁者静。知者乐，仁者寿。"反映了儒家审美的心理特点。

亭平面方形，各边为三开间，正间较宽，次间较窄，以利赏景。亭面宽约5.4m，檐高约2.8m，出檐约0.7m，屋顶为攒尖式，屋角为嫩戗发戗。亭的体型虽较大，显得扁平，但因外为回廊，内四周墙上辟圆洞门，外形不觉闭塞之感。亭梁架为互相连接、呈方形的搭角梁上立童柱，柱上搁梁又构成相错45°的方形搭角梁，上搁梁，梁中心部位立灯芯木（图10-9、图10-10、图10-11、图10-12、图10-13、图10-14）。

图10-9 梧竹幽居亭

图10-10 梧竹幽居亭

图10-11 梧竹幽居亭

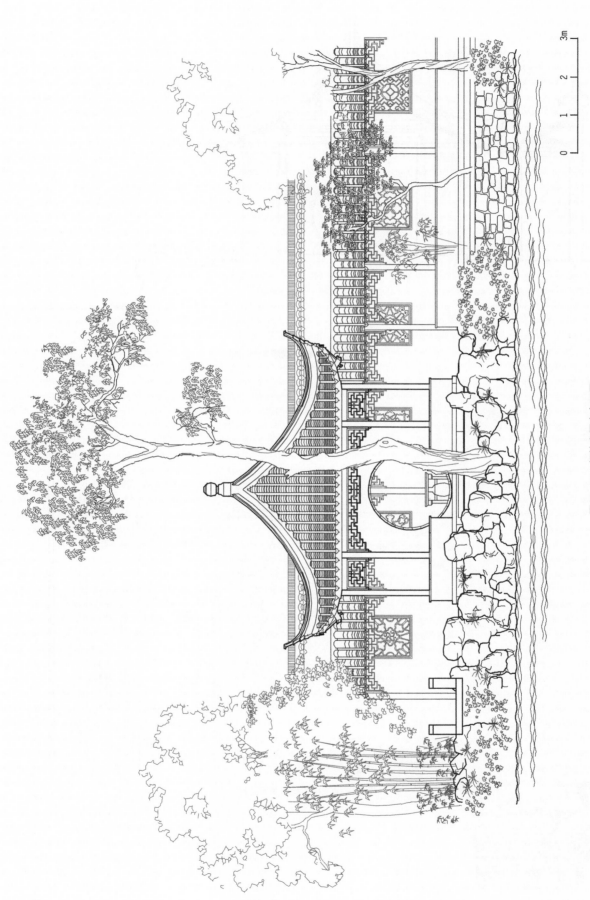

图10-12　梧竹幽居亭立面图

0　1　2　3m

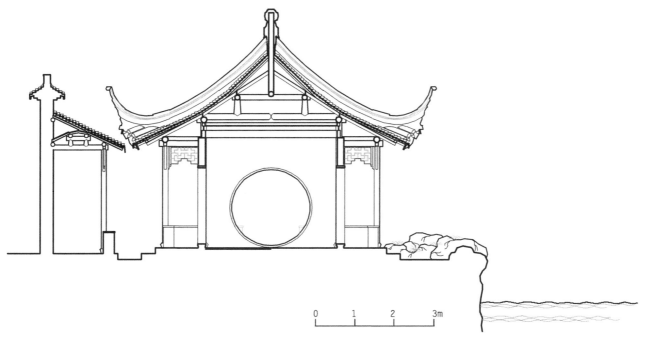

图10-13 梧竹幽居亭剖面图

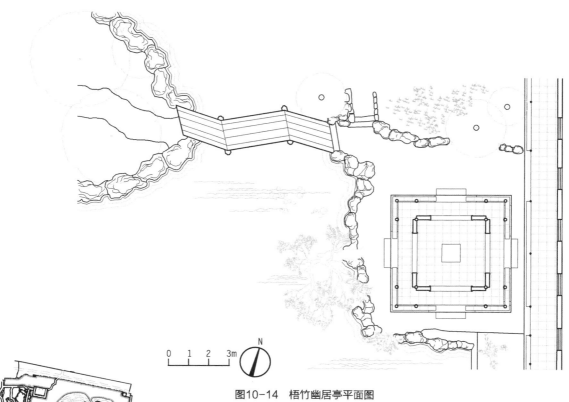

图10-14 梧竹幽居亭平面图

4. 倚虹亭

倚虹亭位于分隔东部和中部的复廊中段，坐东面西，复廊中的院墙高出屋脊，两侧廊的屋顶各依墙而建，呈单坡顶形式。亭前即为中部水池，因此将长廊比喻为彩虹。倚廊如倚虹，构成美妙的联想。

亭为门亭，是东部进入中部的主要通道。亭平面近方形，面阔宽约3m，进深约1.8m，檐高约2.9m，出檐约0.5m，屋顶为单坡歇山式，屋角为水戗发戗。亭梁架虽为三界回顶，但柱缩进立于童柱下，梁端出挑，下有花篮吊柱，梁下有琵琶撑，形式轻巧、别致（图10-15、图10-16、图10-17、图10-18）。

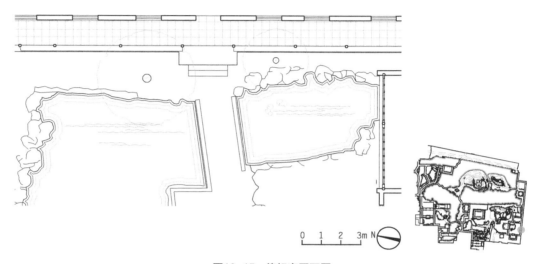

0 1 2 3m N

图10-15 倚虹亭平面图

图10-16 倚虹亭

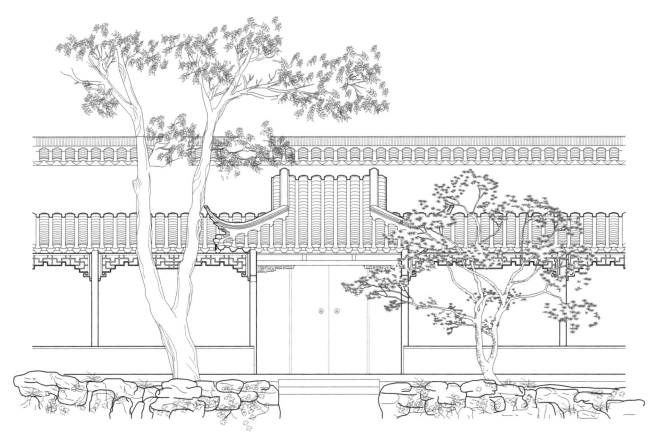

图10-17　倚虹亭立面图

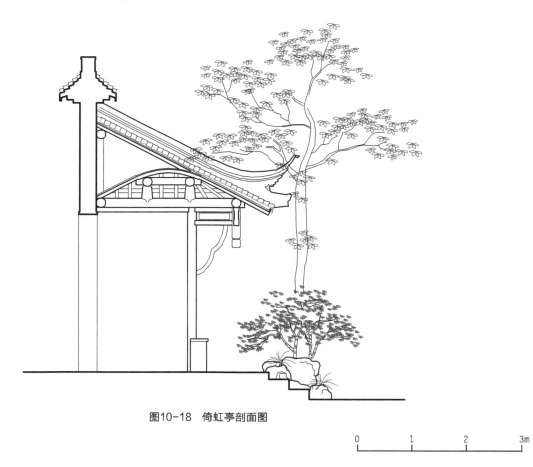

图10-18　倚虹亭剖面图

0　　　1　　　2　　　3m

5. 绿漪亭

绿漪亭位于中部东北水池转折池岸上，近邻青山，亭北翠竹丛丛，亭南芦苇摇曳。清水、绿萍、翠竹、碧桃、芦苇，满目绿色泛绿漪，别有一番江南乡村风光。取唐张率诗中"戢鳞隐繁藻，颁首承绿漪"句意，以色彩明亭，点出了此地风景特色。

绿漪亭平面为方形，各边长约2.9m，檐高约3.2m，出檐约0.8m，屋顶为攒尖式，屋角为嫩戗发戗，墙柱间设座槛吴王靠。因屋顶坡度较缓，四周开敞，亭显得轻巧。亭梁架为互相连接、呈方形的搭角梁上立童柱，柱上搁梁又构成相错45°的方形搭角梁，上搁梁，梁中心部位立灯芯木（图10-19、图10-20、图10-21、图10-22）。

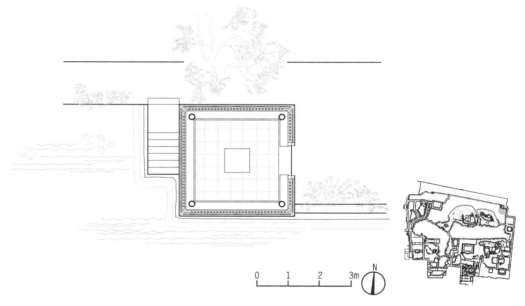

0　　1　　2　　3m　N

图10-19　绿漪亭平面图

图10-20　绿漪亭

图10-21　绿漪亭立面图

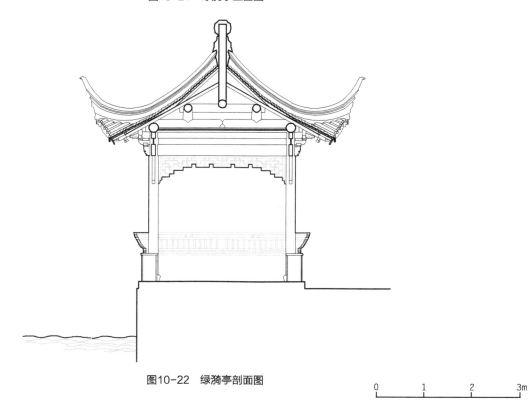

图10-22　绿漪亭剖面图

0　　　1　　　2　　　3m

6. 绣绮亭

绣绮亭位于中部水池东南土山上，坐东朝西，面向远香堂，南为枇杷园。亭旁有姿态奇异、郁郁苍苍的百年枫杨，下有国色天香、芳艳绝美的牡丹和绿萼红苞、香清品高的芍药，北有碧波涟漪、秀色可览的池水，景色优美如绣绮。

亭平面面阔三开间，正间宽敞，次间稍窄，宽约5m，进深约3.3m，檐高约2.9m，出檐约0.7m，屋顶为歇山式，屋角为水戗发戗。亭后正间墙上辟空窗，可见远处东部树木，亭梁架为四界圆堂，两步桁上搁板形成吊顶，中心为圆形彩绘团凤牡丹图案，与亭前牡丹相映。亭檐桁与步桁上为鹤胫椽轩，亭内上部空间结构装饰精致，较有特色（图10-23、图10-24、图10-25）。

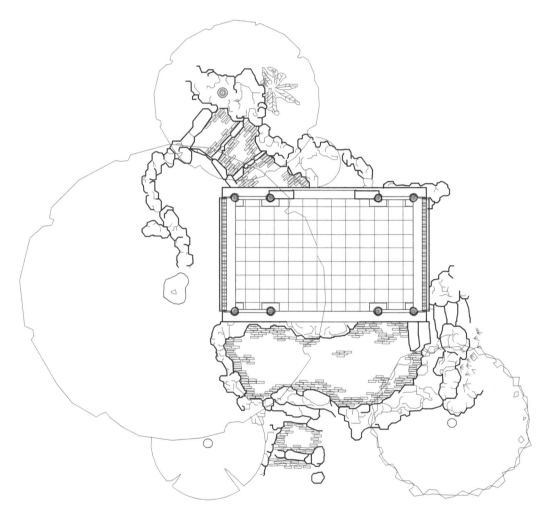

图10-23 绣绮亭平面图

图10-24　绣绮亭立面图

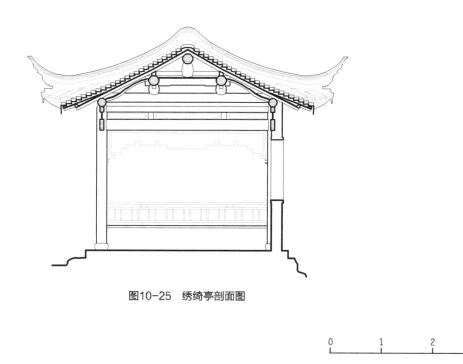

图10-25　绣绮亭剖面图

7. 嘉实亭

嘉实亭位于拙政园中部枇杷园南，坐南朝北，园内多植枇杷树，五、六月间，满目皆为橙黄和淡黄色的枇杷果，真是"芳叶已浩浩，嘉实复离离"，令人舒目畅神。且枇杷树体端正，果如金丸，给人以操韵高洁之感，故亭名嘉实。

亭平面方形，各边长约4m，檐高约3m，出檐约0.5m，屋顶为攒尖式，屋角为水戗发戗。亭三面开敞，两侧柱间设座槛吴王靠，后柱间设墙辟空窗，窗后石峰、翠竹构成对景。亭梁架为互相连接、呈方形的搭角梁上立童柱，柱上搁梁又构成相错45°的方形搭角梁，上搁梁，梁中心部位立灯芯木（图10-26、图10-27、图10-28）。

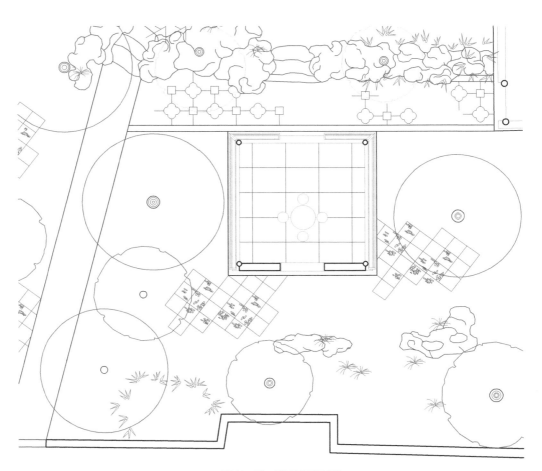

图10-26　嘉实亭平面图

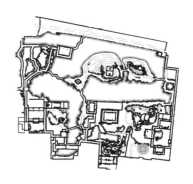

图10-27　嘉实亭立面图

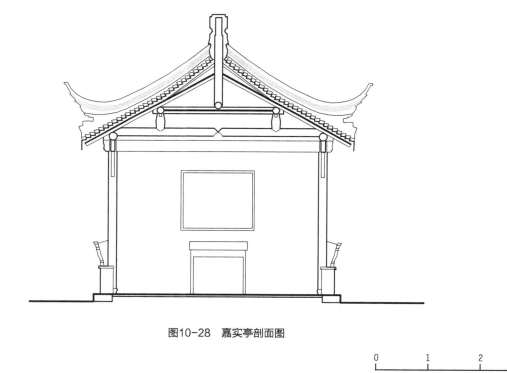

图10-28　嘉实亭剖面图

0　　　1　　　2　　　3m

8. 松风亭

松风亭位于拙政园中部小仓浪水院东南驳岸上，前部架于水上，面向西北。亭北有姿态苍老的松树，构成"秋风清，秋月明，竹叶松边，秋景如画"的意境，是赏景听松的佳处。

亭平面方形，各边长约2.8m，檐高约3.2m，出檐约0.8m，屋顶为攒尖式，屋角为嫩戗发戗，亭梁架为互相连接呈方形的搭角梁上立童柱，柱上搁梁又构成相错45°的方形搭角梁，上搁梁，梁中心部位立灯芯木。亭为半封闭形式，三面柱间设半墙半窗，邻走廊柱间墙上辟洞门（图10-29、图10-30、图10-31、图10-32）。

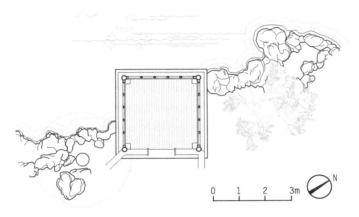

图10-29　松风亭平面图

图10-30　松风亭

图10-31 松风亭立面图

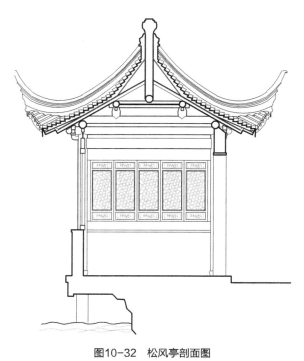

图10-32 松风亭剖面图

0   1   2   3m

9. 得真亭

得真亭位于中部志清意远庭院北，东临小沧浪水院，北为掩映于树丛中的黄石假山。亭含双重语意。一为哲理意味。这里原有桧柏，常绿乔木。《荀子》曰："桃李蒨粲于一时，时至而后杀，至于松柏，经隆冬而不凋，蒙霜雪而不变，可谓得其真矣。"一为写实意味。亭中有镜，园景映入镜中，增加景观层次，化实为虚，颇有"镜里云山若画屏"之意，真趣于镜中得之，横生不少观赏趣味。

亭平面近方形，坐南朝北，面阔宽约4.7m，进深约4.5m，檐高约2.5m，出檐约0.7m，屋顶为歇山式，屋角为嫩戗发戗，梁架为用搭角梁承圆堂五界回顶（图10-33、图10-34、图10-35、图10-36）。

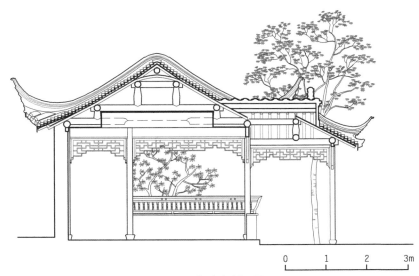

0　　1　　2　　3m

图10-33　得真亭剖面图

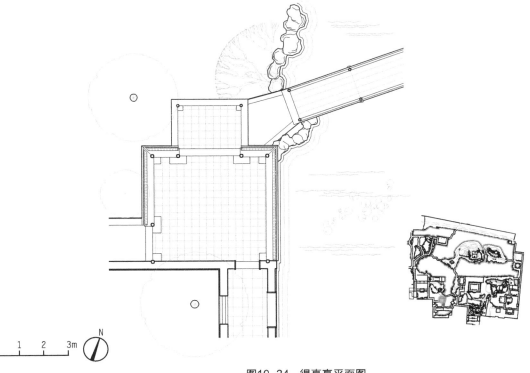

0　1　2　　3m　N

图10-34　得真亭平面图

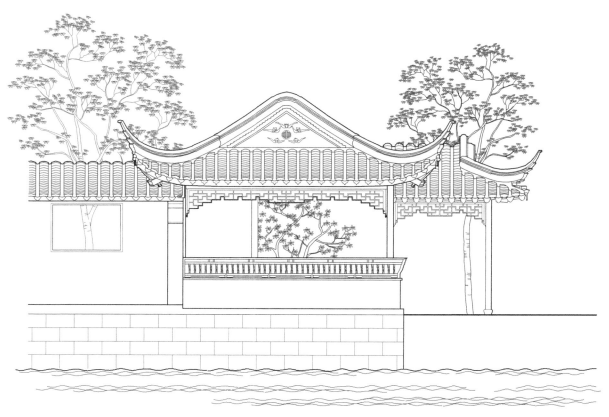

图10-35 得真亭东立面图

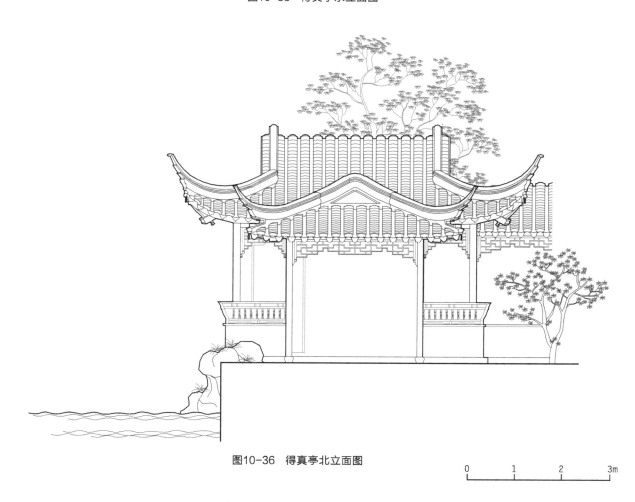

图10-36 得真亭北立面图

0　　　1　　　2　　　3m

10. 别有洞天亭

别有洞天亭位于分隔中部和西部的一段走廊的近北端，坐西面东，临水而建。自亭东望，山林葱郁。曲桥碧水，绿柳成行，有亭翼然，一派江南水乡风光。亭名别有洞天，洞天，本谓道家所聚的仙境，《说苑·茅君内传》："大天之内，有地之洞天三十六所，乃神仙所居"。因这里是中部和西部的界门，入门便见西部台馆分峙，回廊起伏，山光水色。滉漾夺目，又一处"仙境良苑"。这是一种引人入胜的指导性题咏。

亭平面方形，各边长约2.9m，檐高约3m，出檐约0.8m，屋顶为歇山式，屋角为嫩戗发戗，梁架为枋上搁斗栱。用搭角梁承圆堂三界回顶，以坐斗代替童柱，规格较高（图10-37、图10-38、图10-39、图10-40）。

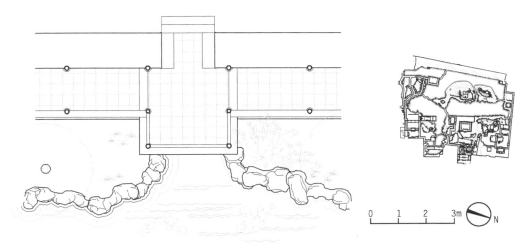

图10-37　别有洞天亭平面图

图10-38　别有洞天亭

图10-39　别有洞天亭立面图

图10-40　别有洞天亭剖面图

0　　　1　　　2　　　3m

11. 荷风四面亭

荷风四面亭位于中部三面环水的半岛上，夏日里，四周皆荷，正如清李鸿裔诗："柳浪接双桥，荷风来四面。"亭因此而命名。荷风四面亭抱柱联："四壁荷花三面柳；半潭秋水一房山。"此联仿济南大明湖历下亭刘风浩所撰名联"四面荷花三面柳，一城山色半城湖。"此联借用了原联出句，只改一"壁"字，对句则化用唐李洞诗："看待诗人无别物，半潭秋水一房山。"用来形容亭所处景色。

荷风四面亭平面六角形，四周开敞，和环境相谐调。亭各边长约1.8m，檐高约3.0m，出檐约0.6m，屋顶为攒尖式，屋角为嫩戗发戗，屋面坡度稍陡。梁架是搭角梁上搁梁，其上承灯芯木。台基较高，使亭的体型和其所处的位置相对应。亭柱间设座槛吴王靠（图10-41、图10-42、图10-43、图10-44）。

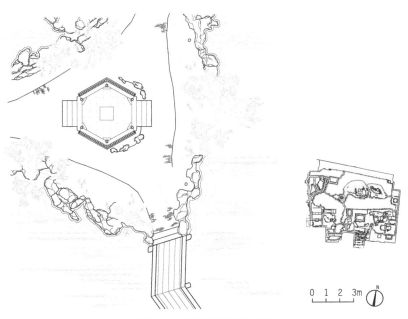

图10-41 荷风四面亭平面图

图10-42 荷风四面亭

图10-43　荷风四面亭立面图

图10-44　荷风四面亭剖面图

12. 宜两亭

宜两亭位于西部东南湖石假山上，与倒影楼隔池相对，此处既可俯瞰西部景色，又可欣赏中部风光，取唐白居易诗"明月好同三径夜，绿杨宜作两家春"句意，故名宜两亭。亭台基较高，为须弥座形式，周围铺地图案冰纹六角式，分别嵌入碎青石和黄石，与湖石相谐调。亭平面为六角形，亭各边长约2.1m，檐高约3.1m，出檐约0.7m。屋顶为攒尖式，屋角为嫩戗发戗。梁架是搭角梁上搁梁，其上承灯芯木。亭东边柱间设长窗挂落，可进出，其余各边柱间均为半墙上外木板、内万字花纹栏杆，上置半窗（图10-45、图10-46、图10-47）。

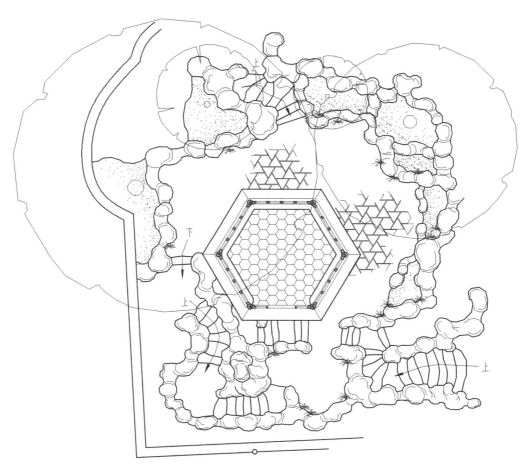

图10-45 宜两亭平面图

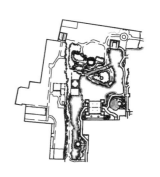

图10-46 宜两亭立面图

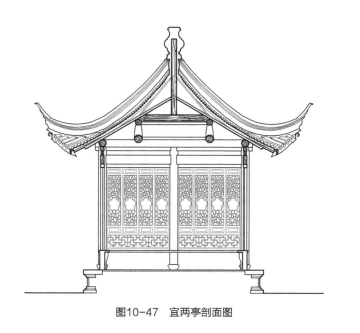

图10-47 宜两亭剖面图

0   1   2   3m

13. 扇面亭（与谁同坐轩）

与谁同坐轩实为亭，位于西部水池中段转折处驳岸上，面向东南方向。为与弧形驳岸上下浑然一体，亭平面采用扇形，小巧精雅，构思巧妙。亭名取意宋苏轼《点绛唇·闲倚胡床》："闲倚胡床，庾公楼外峰千朵。与谁同坐。明月清风我"。原词反映了苏轼孤高的气质。"与谁同坐"一句反问，拨动了游客的心琴，使之与山水共响（图10-48、图10-49、图10-50、图10-51）。

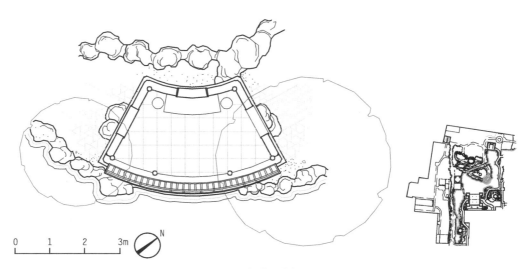

图10-48 与谁同坐轩平面图

图10-49 与谁同坐轩

图10-50　与谁同坐轩立面图

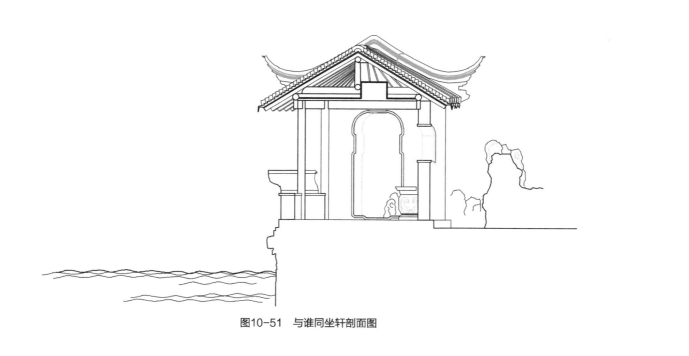

图10-51　与谁同坐轩剖面图

0　　　1　　　2　　　3m

14. 笠亭

笠亭位于西部水池北四周环水的小山上，与浮翠阁隔溪相望，周围林木葱郁，小巧的亭和环境相谐调。亭平面为五柱圆形，半径约1.4m，檐高约2.4m，出檐约0.5m，因屋顶如笠帽状，故名笠亭。

亭梁架为斜梁支撑灯芯木，下吊平顶，亭柱间设座槛（图10-52、图10-53、图10-54、图10-55）。

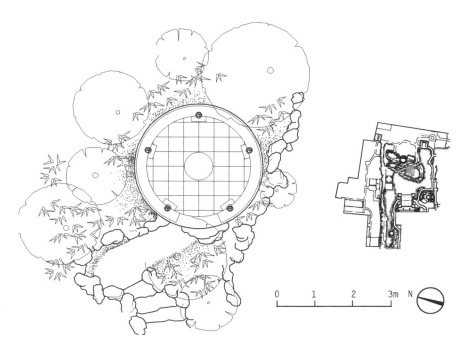

图10-52　笠亭平面图

图10-53　笠亭

图10-54　笠亭立面图

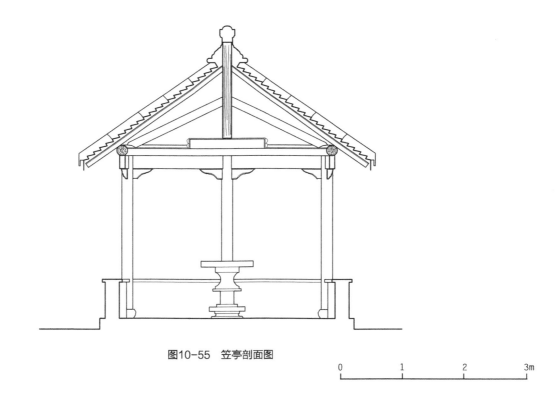

图10-55　笠亭剖面图

0　　　　1　　　　2　　　　3m

15. 塔影亭

塔影亭位于西部南端狭长形水池中，与亭东长廊有石板桥相通，因亭水面倒影如塔，故名塔影亭。塔影也是诗人眼中的审美对象，有诗云："塔影挂清汉，钟声和白云。"亭平面为八角形，各边长约1.7m，檐高约3.6m，出檐约0.8m，屋顶为攒尖式屋角为嫩戗发戗。亭台基周边八根石柱立于水中，承载圈梁和木构件，构成室内地面。台基周边上为条石，下为砖细贴面，周边有雕饰。石柱周边用黄石堆叠洞穴状，与水宛如一体。

亭梁架形式较有特色，在四根桁条的中部搁形成方形的圈梁，其上在梁中部搁梁，形成转向45°的圈梁，圈梁上各置两童柱，构成八角形圈梁，梁上搁斜梁支撑灯芯木。

亭为封闭形式，东面一边为长窗，其余各边均为半墙，上为支摘窗，外有吴王靠。窗心仔内花纹为八角套方式，与亭八角形平面相谐调（图10-56、图10-57、图10-58、图10-59）。

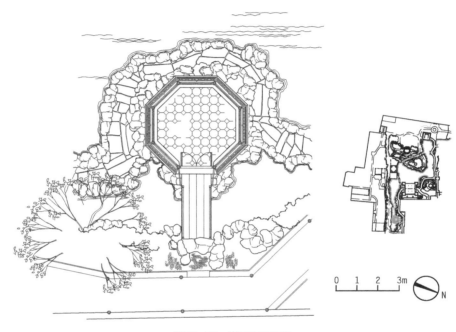

图10-56 塔影亭平面图

图10-57 塔影亭

图10-58 塔影亭立面图

图10-59 塔影亭剖面图

0 1 2 3m

16. 天泉亭

天泉亭位于东部草坪中，亭北平冈松林与四周宽敞草坪周边葱绿的树木，环境显得清疏明朗。亭中有号称"天泉"之井，相传为元代大弘寺东斋遗物，终年不涸，水质甘甜，顾借以名亭，引发思古情思。

亭平面八角形，有回廊，各边长约3.4m。下檐高约3.6m，出檐约0.8m，内柱各边长约2.3m。上檐高约6.1m，出檐约0.8m，屋顶为攒尖顶，屋角为嫩戗发戗。亭梁架为方形圈梁和八角形圈梁由下至上交错布置，并用斜梁支撑灯芯木。亭内柱柱间东、南、西、北向为长窗，其余柱间为半墙半窗，外廊柱间相应设砖细座槛。台基较高，与亭的体形相谐调（图10-60、图10-61、图10-62、图10-63）。

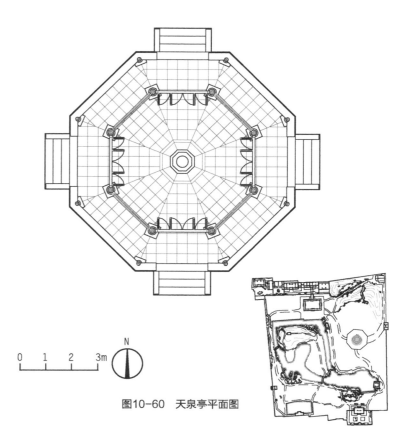

0　1　2　3m

N

图10-60　天泉亭平面图

图10-61　天泉亭

图10-62 天泉亭立面图

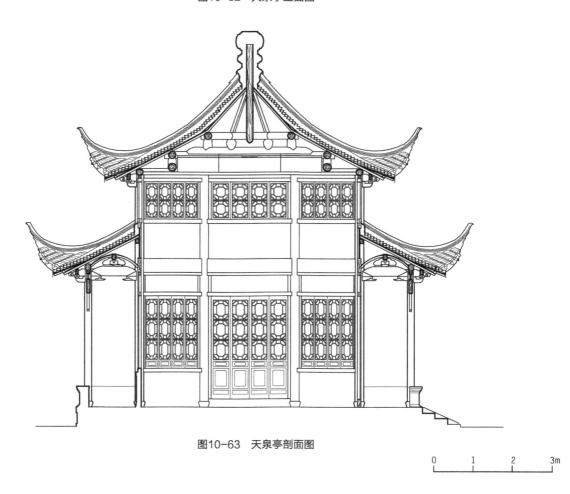

图10-63 天泉亭剖面图

0　1　2　3m

17. 涵青亭

涵青亭位于东部西南隅，南依院墙面北，与两侧短廊构成整体，前部架于长方形水池上。水盈盈，萍藻浮翠，唐诗有"池涵青草色"句，以色彩名亭，清新自然。以诗名景，景寓诗意。耐人咀嚼。

亭面阔宽约3m，进深约4m，檐高约3.2m，出檐约0.6m，两侧廊退后面阔宽约2.6m，进深约2.8m，檐高同亭，出檐约0.6m。亭屋顶为歇山顶，两侧廊屋顶与亭屋顶相连，虽为半歇山式，建筑整体却主次分明，形式完整，具有特色。亭梁架为圆堂五界回顶，廊为圆堂三界回顶，亭下部为石梁柱。亭临池柱间设座槛吴王靠（图10-64、图10-65、图10-66、图10-67）。

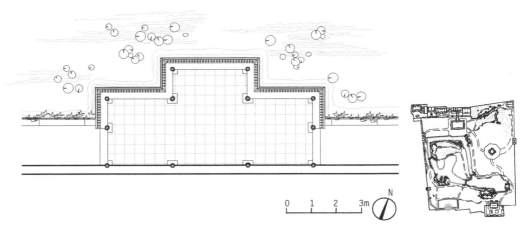

0 1 2 3m N

图10-64　涵青亭平面图

图10-65　涵青亭

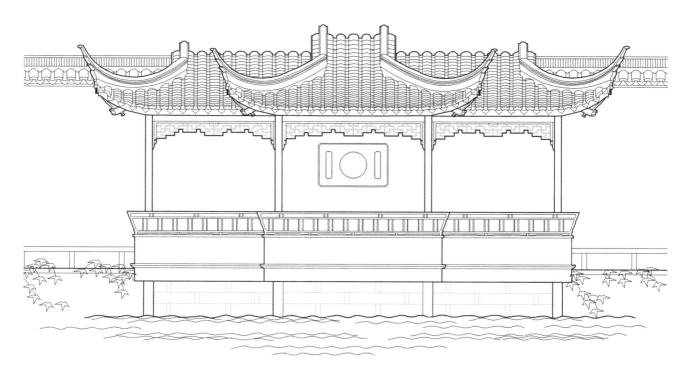

图10-66 涵青亭立面图

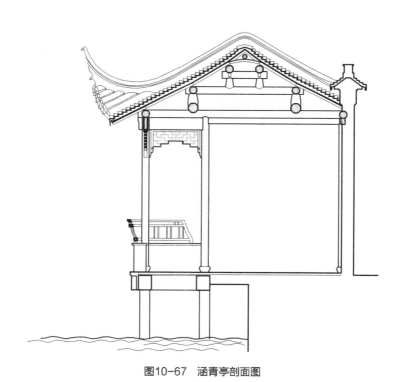

图10-67 涵青亭剖面图

18. 放眼亭

放眼亭位于东部主山山巅，周围林木葱郁，居高四面眺望，东部园林山水景色尽收眼底，故亭名意为可放开眼光看山水，取唐白居易"放眼看青山"（白居易《醉吟先生传》诗句意）。当年园主王心一也有诗赞美彼时景色。亭与秫香馆隔池相对，但一偏西，一偏东，互为对景欠佳。

亭平面面阔三开间，宽约3m，进深约2m，檐高约2.4m，出檐约0.4m。屋顶为歇山顶，屋角为水戗发戗。亭梁架为圆堂三界回顶，柱间设砖细座槛（图10-68、图10-69、图10-70）。

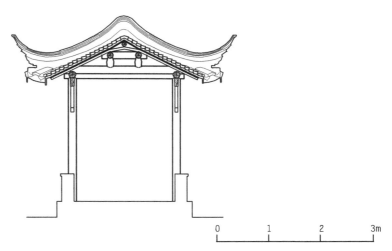

0 1 2 3m

图10-68 放眼亭剖面图

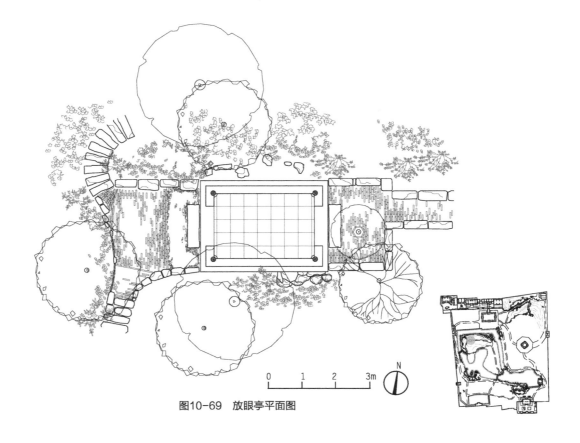

0 1 2 3m N

图10-69 放眼亭平面图

图10-70 放眼亭立面图

凝固的乐章——苏州拙政园建筑

0 1 2 3m

十一
廊

《园冶》上有："廊者，庑出一步也，宜曲宜长则胜。……随形而弯，依势而曲。或蟠山腰，或穷水际，通花渡壑，蜿蜒无尽。"这段话非常精辟地说明了廊在园林中的作用。廊在园林中是联系建筑物的脉络，也常是风景的导游线。它的布置往往随形而弯，依势而曲，蜿蜒逶迤，富有变化，而且可以起着划分空间、增加风景深度的作用。还将分散的建筑连成整体。

按照廊建造的位置有沿墙走廊、空廊、回廊、楼廊、爬山廊、水廊等。

沿墙走廊在园林中较多见，廊一侧多开敞，常自然曲折，并形成一些"小院"，院内点缀石峰、花木，人行走中可见一幅幅动人的"对景"。同时，走廊还打破围墙或院墙的单调封闭感，增加了风景的深度。

楼廊又称边楼，有上下两层走廊，多建在楼厅附近。

爬山廊建于地势起伏的山坡上，不仅可以连系位置高低的建筑，而且廊的形式高低起伏，丰富了园林景色。

水廊凌跨于水面之上，能使水面上的空间半通半隔，增加水源深度。

复廊为两廊并为一体，常为分隔景区的作用，中间以墙分隔，墙上辟有漏窗，似隔非隔，两边景色互相渗透，人在廊中行走时还能感受到步移景异的效果。

上述各种廊在拙政园中都有实例，尤以西部水廊——波形廊被誉为中国最美水廊。

苏州园林中的廊大都轻巧玲珑，一般宽度都为1.4m左右，檐高为2.5m上下。柱间多设砖细面座槛，可供休憩。廊的梁架为三界圆堂回顶较多，屋顶为两面坡式，屋脊为黄瓜环瓦形式，显得轻巧柔和（图11-1）。

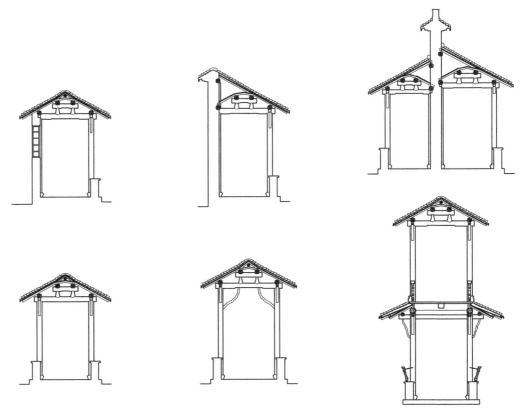

图11-1 走廊剖面

1. 柳阴路曲

柳阴路曲位于中部水池西，廊有东、西、南三段，曲折自如，分别连通见山楼西侧楼廊、爬山廊、别有洞天亭，并围合成内有古树、花木繁茂的空间，穿行廊中，绿意盎然。东、南两段廊临池，柳枝轻拂，取唐《二十四诗品·纤秾》"柳阴路曲，流莺比邻"句意，为廊名。廊形式轻巧、通透，与周围林木融为一体。

廊两面开敞，宽约1.6m，檐高约2.5m，出檐约0.5m。廊屋顶为常见的两面坡式黄瓜环瓦脊。廊梁架为圆堂三界回顶，梁两端有琵琶撑，显得轻巧（图11-2、图11-3、图11-4、图11-5、图11-6）。

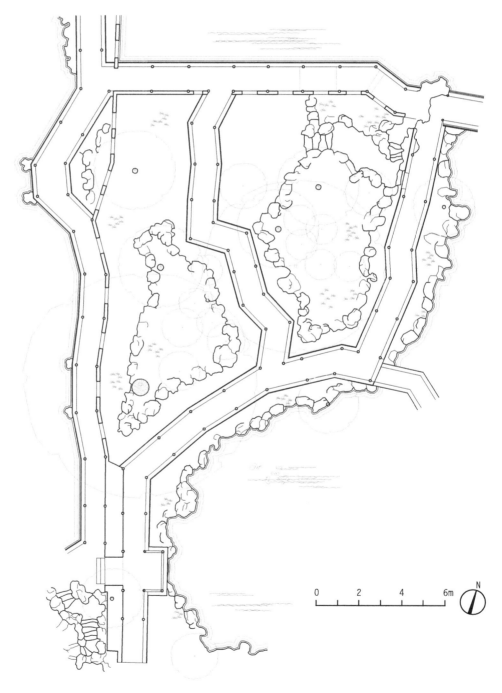

图11-2　柳阴路曲平面图

图11-3　柳阴路曲立面图1

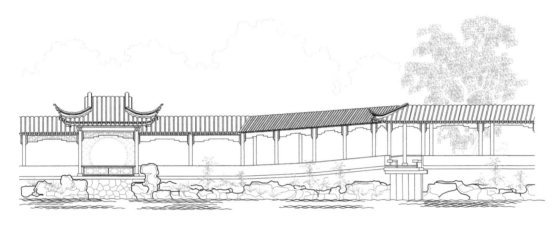

图11-4　柳阴路曲立面图2

图11-5　柳阴路曲立面图3

0　2　4　6m

图11-6　柳阴路曲

2. 楼廊、爬山廊

楼廊与爬山廊东、西相连，稍有转折、高低起伏，构成一体。东通见山楼，西接西部波形廊。廊北侧临池水，柱间开敞，廊下黄石驳岸由东面高低错落的自然形态转为西面规整的形式，绿藤附于石上。池水流过楼廊下，楼廊下数根长、短不一的柱子分置于高低不同的黄石上，形态自然。楼廊、爬山廊分别与东、西两端柳阴路曲相连，廊南侧墙上辟多个漏窗，隐约可见古树、花木，绿意盎然。

廊长共10间，长约24m，宽约1.7m，檐高约2.4m，出檐约0.6m，廊屋顶为两面坡式，黄瓜环瓦脊。廊梁架为圆堂三界回顶（图11-7、图11-10）。

3. 波形廊

波形廊位于西部东院墙旁，南起别有洞天亭西走廊，北连倒影楼，因廊凌跨于水面之上，曲折、起伏如波状，故名。廊各间长短不一，共有19间，大都倚墙而建，近中段处廊转折形成临水小院，叠黄石、植芭蕉、山茶成景。该间走廊柱间设砖细栏杆，屋顶上筑小巧的水戗，形如歇山顶，使长廊形式具有变化。

南北两段廊的檐高不同，因南端廊东侧有别有洞天洞门，檐高须相应提高，为约2.9m，由南向北逐渐降低至为约2.1m，显得亲近宜人，处理灵活。梁架为圆堂三界回顶，梁两端下有琵琶撑。廊东侧地梁搁于院墙上，西侧的梁多搁在湖石墩上，局部搁在出挑的石梁上，廊更显轻盈。廊东院墙或辟漏窗，或镶嵌诗条石，或兼有，两面景色既相互融合，又增添了诗情画意。（图11-8、图11-9、图11-11、图11-12）。

图11-7 爬山廊

图11-8 波形廊1

图11-9 波形廊2

4. 小飞虹

小沧浪水院北有一段驾于水面上的走廊，兼有桥的功能。桥中间高起，两边间斜搁池岸上，其形如虹。因廊柱、栏杆为荸荠色油漆，倒影水中，微风吹拂，碧波荡漾，桥影若隐若现，宛如飞虹。取南朝，宋·鲍照"白云诗"句意："飞虹眺秦河，泛雾弄轻弦"。廊轻巧、开敞，与空间形态自由的水院相协调。

廊平面三开间，长约8.5m，宽不足1m，檐高约2.5m，出檐约0.5m，屋顶为两面坡式，黄瓜环脊，梁架为圆堂三界回顶，梁端有琵琶撑（图11-13、图11-14、图11-15、图11-16）。

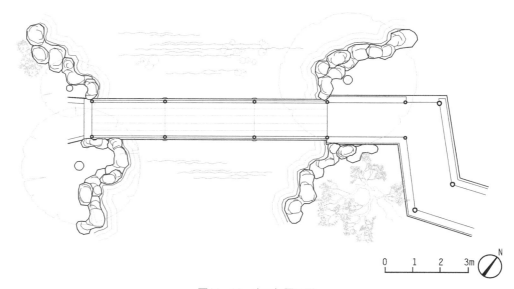

0 1 2 3m N

图11-13 小飞虹平面图

图11-14 小飞虹

图版目录

1. 计成著，陈植校释. 园冶注释. 北京：中国建筑工业出版社，1981年10月.

2. 刘敦桢著. 苏州古典园林. 北京：中国建筑工业出版社，2005年11月.

3. 曹林娣著. 苏州园林匾额楹联鉴赏. 北京：华夏出版社，2011年8月.

4. 苏州园林发展股份有限公司编著. 苏州古典园林营造录. 北京：中国建筑工业出版社，2003年9月.

5. 苏州市园林和绿化管理局编. 拙政园志. 上海：文汇出版社，2012年9月.

6. 侯幼彬著. 中国建筑美学. 哈尔滨：黑龙江科学技术出版社，1997年.

7. 冯钟平编著. 中国园林建筑. 北京：清华大学出版社，1988年5月.

后记

　　《凝固的乐章——苏州拙政园建筑》一书在詹永伟老师执笔书写文稿和指导绘图的积极推动下，终于初步成型，并将在苏州古典园林申遗成功20周年之际出版发行，为世界文化遗产——苏州古典园林的传承和发展又奉献了一份特殊礼物。

　　近年来，关于苏州园林的相关书籍较多，一般是选取各个苏州园林和典型建筑加以介绍，多年来，苏州园林发展股份有限公司承担了苏州各个园林的测绘任务，积累了较完整的资料，因此有条件对建筑作较深入的研究分析，希望有所突破。

　　这次我们选取拙政园为切入点，拙政园是苏州现存最大的私家园林，且宅院一体，建筑类型齐全，建筑数量最多，建筑艺术价值最高。本书收录了拙政园从住宅到园林所有的建筑，类型多样而全面，并从建筑与周边环境的关系、建筑与山水花木等自然造园要素的融合、建筑的形式和结构不拘于形制，以及建筑所反映的文化内涵等多方面进行探讨，更全面地阐述拙政园建筑的独到精彩之处。希望读者对园林建筑有更深入全面的了解。

　　本书的完成，得到曹林娣教授无私的指导与帮助。书中关于文化内涵的内容引自曹林娣教授所著《苏州园林匾额楹联鉴赏》一书。此外，书中部分图纸还参考了刘敦桢先生所著的《苏州古典园林》、潘谷西先生所著的《江南理景艺术》和侯洪德、侯肖琪所著的《苏州园林建筑做法与实例》。在此一并致谢。

　　这次的图纸绘制由苏州园林发展股份有限公司园冶设计院承担，以盛兰芝为主的十多名设计师，在正常设计任务之余，投入大量精力完成此书图纸。此次图纸均用制图软件绘制，用软件绘制建筑相对容易，而绘制假山石、植物配景较难，规整有余、生动欠缺，有不少不尽人意之处，留有遗憾。制图过程虽艰苦，但我们从中得到很多提高。

　　詹永伟老师大学毕业后即开始苏州园林的研究，参与了刘敦桢教授所著《苏州古典园林》一书的调查、测绘与写作，后来又长期在苏州园林管理局担任总工一职，更是对苏州园林有较多的研究。此次作为詹老师的学生有幸参与，收益很多，这里致以谢意。另外，我们希望今后再接再厉，对其他苏州园林建筑也予以研究，能够出系列丛书。

黄勤

2017.8.1